JN188334

原発のない未来が見えてきた

反原発運動全国連絡会 編

金子　勝／村上達也
武本和幸／多々良哲
宮下正一／深江　守
大林ミカ／木村京子

緑風出版

目次

原発のない未来が見えてきた

まえがき　深江　守・9

第1章　脱原発こそが日本経済を救う　金子　勝・15
新たな反原発・脱原発の論理を・16／日本産業の衰退・20／地域分散ネットワーク型への転換・22

第2章　原子力安全協定の地域枠拡大始末―東海村長の挑戦　村上達也・31
はじめに・32／一　村長としての私の覚悟・33／二　東日本大震災と福島原発事故の衝撃――東海第二の危機・35／三　脱原発の表明・37／四　「原子力所在地域首長懇談会」の設立と安全協定改定交渉・39／五　「安全協定」の改定と「再稼働、延長運転に関する」協定の新設・40／六　脱原発に向けた自治体の役割・43／おわりに・44

第3章　新潟県の原発検証体制　武本和幸・47
他地域には見られない新潟県の原発検証体制整備の経過・48／歴代知事と検証体制整備・50／各委員会の任務・52／いま原発で起きていること・55

第4章　原発のことは民意で決める　多々良哲・61
「女川原発再稼働の是非を問う県民投票条例」は成立しなかったけれど・62／県民投票条例 請求代表者の意見陳述・63

第5章　原発廃炉の安全を求める検討委員会　宮下正一・73
一　廃炉検討委員会を作ろうとした動機・74／二　検討委員会づくり・74／三　検討委員会の結成・76／四　これまでの議論内容・76／五　提言と、その実現に向けて・80

第6章　急速に拡大するエネルギーの地産地消と地域電力　深江　守・83

地元企業七三社が立ち上げた、やめエネルギー株式会社（福岡県）・85／みやまスマートエネルギー（株）が債務超過に・86／林業を再生させたい！（株）グリーン発電大分（大分県）・87／「ゼロカーボンヨコハマ」の実現をめざす横浜市（神奈川県）・90／下北半島の風力発電の電気が横浜市へ・92／「エネルギー自給率一〇〇％」のまちづくりをめざす葛巻町（岩手県）・92

第7章　世界で加速するエネルギー転換　大林ミカ・95

止まらない自然エネルギーのコスト低下・97／自然エネルギーの主力電源化がもたらす新しい経済と社会・99／気候変動から気候危機へ・100／日本でも進む自然エネルギーの拡大・104／日本の自然エネルギー主力電源化に向けて・106

第8章　「極私的脱原発」考　木村京子・111
その1　被爆者・112／その2　市民科学研究者・藤田光先生・115／その3　市民科学技術者・大木和彦さん・119／さいごに・124

『はんげんぱつ新聞』とは――あとがきに代えて　西尾　漠・126

まえがき

『はんげんぱつ新聞』編集委員　深江　守

二〇一九年は、「日立・三菱がすすめる原発輸出計画が総崩れ」というニュースで幕を開けました。日立製作所・三菱重工の前に東芝の撤退があるわけですが、一〇年前後から進められてきた「日の丸原発」輸出計画の総破たんです。

具体的に見てみると、リトアニアは二〇一二年に実施した国民投票で日立の原発建設を否決。台湾は蔡(ツァイ)政権になって原発を廃止する方向の政策をとることを決定。政権が変わっても脱原発は維持され、日立など日本のメーカーが携わる第四原発の建設は凍結。ベトナム政府は一〇年に日本政府との間で原発建設に合意しましたが、建設費高騰などにより一六年に計画中止を決定。トルコ北部の黒海沿岸シノップに新型原発を建設する計画は、一三年に安倍首相がエルドアン首相（現大統領）に直接売り込む「首相案件」でしたが、想定事業費が当初の約二・一兆円から二倍超の五兆円規模に膨らみ撤退。日立の英国への原発輸出に関しては、総額三兆円のうち二兆円超を英政府の低利融資で賄い、残り九〇〇〇億円を日立、英政府・企業、国内の大手電力・金融機関の三者が三〇〇〇億円ずつの出資で調達する計画でした。しかし、東電や中部電力、日本政策投資銀行や国際協力銀行などが出資を拒み、日本側の三〇〇〇億円が集まらず、結果として断念（凍結）に追い込まれました。原発に投資しても採算が取れないという判断です。

日本だけではありません。世界最大の原子力産業複合企業だったフランスのアレバ社もフィンランドに着工していたオルキルオト原発三号機の建設を巡り破綻の危機に直面。フランス政府の主導のもと、仏電力公社が傘下に収める大規模な再編が行われ、原子力専業企業としてのアレバ社は事実上幕を閉じました。

日本で原発を建設する場合、安全対策費を削り取っていますから、一基四〇〇〇億円程度で建設できますが、外国で建設するとなると「日本流」は通用しない。安全対策費がどんどん追加され、一基建設するのに一兆円を超える規模にまで膨れ上がる。もはや原発の建設は「金の成る木」ではなく、企業経営そのものを危機に陥れかねない存在となったのです。

もう一つの背景は、再生可能エネルギーの劇的な普及と発電単価の低下があります。太陽光や陸上風力の発電単価は、一キロワットアワー当たり二円～三円という水準にまで下がりました。国際再生可能エネルギー機関は、「再生可能エネルギーのコストは二〇二〇年までに化石燃料による発電費用の範囲内に収まるか、下回る」と予想しています。日本でも今後、大幅に下がってくることが期待されます。

「原発のない未来」がそこまで来ていることを実感してもらうために、本書の出版を企画しました。

金子勝さんには経済学者の立場から、総論的に脱原発社会への道すじを語ってもらいました。題して「脱原発こそが日本経済を救う」。脱原発でエネルギー転換をして、そこから新しい産業を立て直していく。その核となるのが再生可能エネルギーの普及であり、そのためには原発をやめないといけない、電力会社を解体しないといけないと、大胆な電力システム改革を提言します。

原発のない社会を実現させるには、先ずは原発の再稼働を阻止することが重要です。茨城、新潟、宮城、福井から報告してもらいました。

茨城県からは、元東海村長の村上達也さんから、「原子力安全協定の地域枠拡大始末――東海村長の挑戦」という報告をいただきました。原発の再稼働を巡っては、安全協定の範囲を三〇キロ圏に拡大すべきであるとの意見は根強い。再稼働一番手となった九州電力川内原発の再稼働を巡っても、三〇キロ圏内の自治体の首長や議会、住民が安全協定の範囲を三〇キロ圏内に拡大すべきだと訴えましたが、結局、従来どおり立地県・自治体に限られました。いわゆる「川内方式」がその後の再稼働にも適用されることになります。そんな中、立地自治体である東海村の村上村長自らが「原子力所在地域首長懇談会」を呼びかけ、安全協定の三〇キロ圏拡大を主導していきます。村長としての村上達也さんの「覚悟」が記されており必読です。

新潟県の「原発反対刈羽村を守る会」の武本和幸さんからは、二〇〇二年の東電トラブル隠しで誕生した「新潟県原子力発電所の安全管理に関する技術委員会」が、繰り返される数々の東電不正・事故で進化した経緯が報告されています。技術委員会は今でも福島原発事故の事故原因について、地震の揺れか津波の浸水かの議論を継続しています。現在の花角英世知事も技術委員会の検証路線を引き継ぐとしており、柏崎刈羽原発の再稼働は見通せない状況が続いています。

宮城県からは、元「みんなで決める会・宮城」代表の多々良哲さんから、女川原発再稼働の是非を問う県民投票条例の制定を求める「住民直接請求」運動の報告をしていただきました。残念ながら、県民投票条例案は否決されましたが、来る県議選で議会構成を変え、今度こそ県民投票条例を可決させたいという、熱い思いが伝わってきます。

福井県からは、「原子力発電に反対する福井県民会議」事務局長の宮下正一さんから報告をいただきました。原発停止後の「廃炉のあり方」を検討する、「原子力発電所の廃炉問題に関する検討委員会」結成の経緯、今後の方向性です。直線距離にして僅か六〇キロの若狭湾に原発が一五基もつくられ、すでに半数近い七基が廃止となっています。近い将来、一五基すべてが廃止を迎えることは確実であり、安全な廃止・廃炉措置を検討し、求めることは重要です。この過程を経なければ、「原発のない明るい未来」は望めません。九州電力の株主運動に長年関わっている私は、今年の株主議案として、「原発廃炉計画の凍結と廃炉検討委員会の設置」を提案しました。国や電力会社に任せておけば、国中に原発のゴミが拡散してしまいます。

自然エネルギー財団の大林ミカさんには、世界的な規模で爆発的に拡大する再生可能エネルギーの現状を報告してもらいました。原発の設備容量四〇〇GW、太陽光や風力の設備容量は一一〇〇GWを超え、さらに拡大する勢い。さらに発電単価は信じられないレベルまで低下している現状が詳しく報告されています。かつて「原発が普及すると電気代はタダ同然になる」と宣伝された時代がありました。原発のそれはウソでしたが、今まさに、燃料代がタダの再生可能エネルギーが普及すると「電気代はタダ同然になる」時代を迎えているのかもしれません。

二〇一六年四月にスタートした電力の小売り全面自由化によって、様々な業界から新電力への参入が相次ぎました。全販売電力量に占める新電力の割合も約一四・一%となっています。その中でも、自治体が出資する地域電力や地元企業だけで構成された地域電力が、エネルギーの地産地消と電力収入による地域活性化を目指し拡大を続けています。うまく行ったり行かなかったりと、すべてが順調に進展しているわけではありませんが、エネルギーの地産地消と地域電力の現状を、ほんの少し私が報告します。

最後に、一緒に九電株主運動に取り組む木村京子さんの「極私的脱原発」考を掲載しています。読み応えのある私的脱原発考となっています。

第1章　脱原発こそが日本経済を救う

立教大学大学院特任教授・慶應義塾大学名誉教授　金子　勝

新たな反原発・脱原発の論理を

原発のない社会が遠くないことは、必然です。脱原発しなければ日本の産業を救えない。この間振りかえってみると、反原発・脱原発の論理も、かつてとは次元が違ってきています。いまや論点は、原発が危険かどうかというだけではなくて、新しい社会システムをつくるために、原発をやめないといけないということです。

二〇一一年の3・11で、原発の危険性というものを人々は実感として知りました。国民の六割近くが原発を動かさなくていいという広い世論として定着しています。新たに原発を誘致するとか建設するということを支持する人は、ほとんど少数になりました。かつては過疎地において地域振興のためとして原発を誘致するところがあったわけです。しかし、3・11以降は、どの自治体も抵抗が強い。いまや新たな

◎それが常識

東日本大震災後の五年半、ほとんど原発なしでやってきたせいもあるかもしれないが、原発は必要ないと考える人が多くなっているように思う。

（金井豊＝北陸電力社長――二〇一六年一二月二八日付福井新聞）

＊囲みは、『はんげんぱつ新聞』の名物コラム「原発『推進者』の発言から」より

図１　全国最大需要電力推移

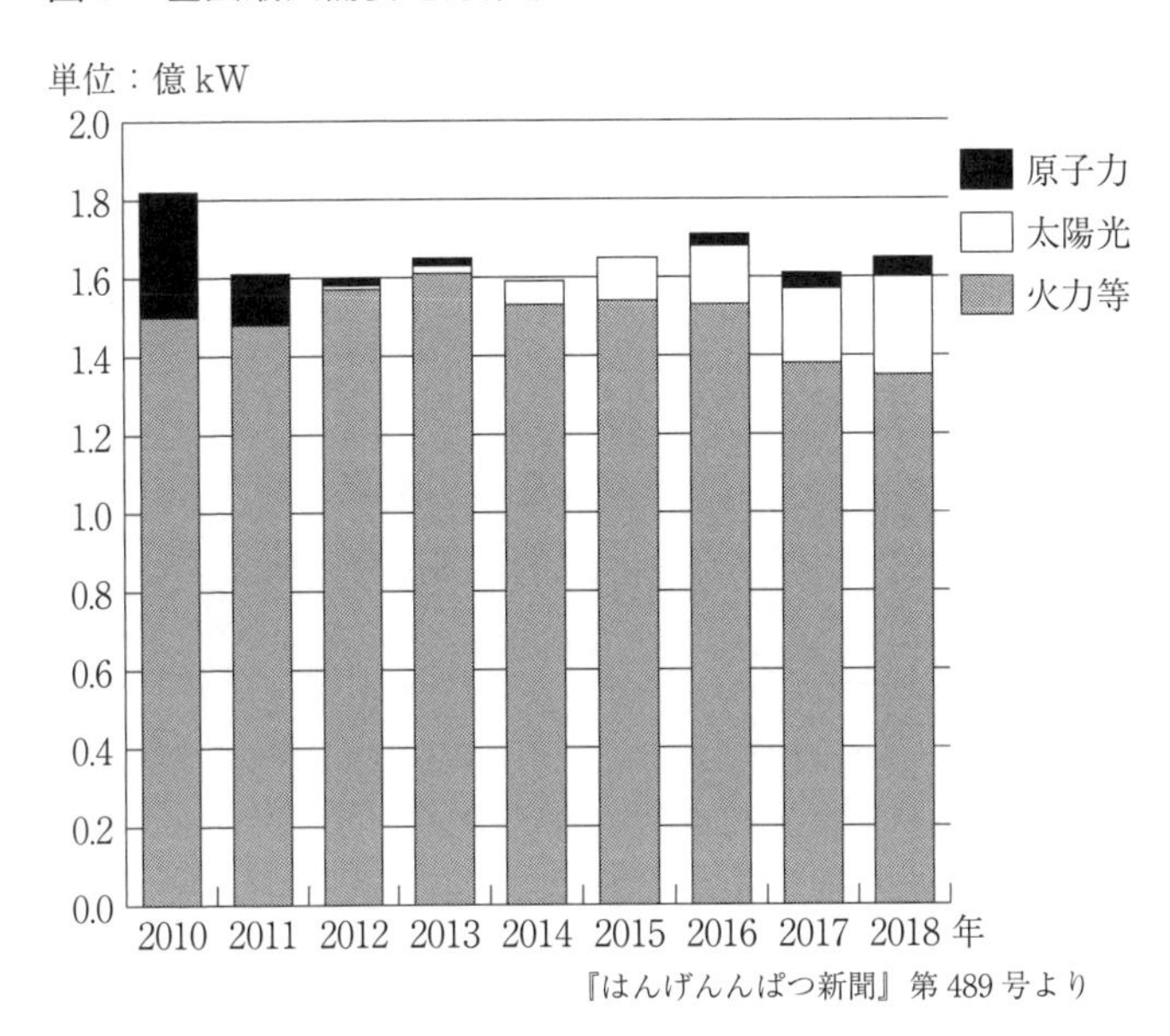

『はんげんんぱつ新聞』第 489 号より

建設はありえないでしょう。

原発事故直後には、原発がないと日本経済はつぶれてしまう、電力不足だと言われました。ところが、原発が止まっちゃってみると、電力は不足しないことがはっきりしました。つぎは、原発は安いという嘘がまことしやかに言われました。経済産業省はいろんな手練手管を使ってでたらめなコスト試算でごまかそうとしました。けれども、もはや原発が安いとはだれも言えなくなりました。

たとえば、国が試算した福島事故の対応費用は、当初一一兆円だったものが、二一・五兆円と倍になり、日本経済研究センターは最大八一兆円の試算を発表しています。原発のコストが高いということは、最近の原発建設費の高騰でも明らかです。

日本企業の輸出の失敗で、原発のコストの高さは白日の下にさらけ出されてしまいました。

◎原子力ルネサンスなんて

「原子力ルネサンス」というものは、〈福島第一原発〉事故の前からそもそも存在していなかった。

〈ジェフ・イメルト＝GE会長――二〇一二年三月一〇日付日本経済新聞電子版〉

二〇〇六年の一〇月に東芝が、第一次安倍内閣の原発輸出政策でウェスティングハウスを買収しました。六〇〇〇億円のうち四〇〇〇億円が「のれん代（ブランド力や技術力など目にみえないものも考慮して買収で支払った買収先の純資産との差額）」という高い買い物でした。アメリカで原子力ルネサンスが起こると見込んで過大な受注予測をしましたが、二〇〇一年の9・11テロがあったり、シェールガスが商業化されたりで、次々と原発計画は中止になる。それでも東芝社内の原子力ムラは、原発の損失を隠して不正会計までしてしまいます。それが余計に傷口を拡げることになった。ついに破綻寸前まで追い込まれます。

東芝の収益部門だったセンサー、それから医療機械、半導体部門と次々と切り売りせざるを得ないところに陥ったのです。東芝の危機を見れば、原発のコストが安いという議論は、目に見える形で打ち消されてしまいました。

後押ししているのは、再生可能エネルギーの急速な普及です。太陽光も風力もスケールメリットが効いてコストがどんどん下がっている。もはや原発よりも火力よりも、コストが大きく低下しています。日本でだけ下がらないのは、経産省と大手電力会社が邪魔をしているからです。

エネルギー基本計画は数字も合わないひどい内容になっています。二〇三〇年に原子力の発電比率を二〇～二二パーセントというのを実際にやろうとすると三〇基近くを動かさなくちゃいけない。四〇年を超えて動かすとか言うけれど、それも破綻しています。原子力規制委員会の許可を得たところで、ほんとうに長く動かせる保証もない。追加コストの回収ができずに「不良債権」がふくらむばかりですから。

他方で、新増設はしないという。新設をすると、五〇〇〇億円弱で計算している建設費が、格納容器が二重になったコアキャッチャー

◎六〇年運転だなんて

世界を見渡しても、原子力発電所を運転した年数は四〇年程度がせいぜい。六〇年、八〇年と威勢のいい数字を掲げても、実際に運転を行った例はない。

（二〇一〇年四月二八日付電気新聞）

など安全措置が必要で、いまや倍増しています。コスト試算をする際にモデルプラントの建設費を高くしないといけなくなる。そこで経産省が操作していることがばれちゃう。

日本産業の衰退

海外を見れば、ＧＥも日立に原発を押しつけてさっさと逃げ出して、シェールガス革命でアメリカでもＬＮＧ火力発電の需要があるんじゃないかと、火力発電部門を強化した。しかし、再生可能エネルギーへのシフトがすすんで、火力の需要も減っている。シーメンスは、ドイツが脱原発したことによって原発部門を完全にやめて、最近では火力部門も切りすてている。いまは、再生可能エネルギーの送配電を調整するグリッドシステムとか交通システムとかファクトリーシステムとか、ＡＩ（人工知能）の応用に重点化しています。

ところが、日本の重電メーカーは、東芝が先ほど述べたようなありさまです。安倍政権の原発セールス外交で、日本原子力産業協会の今井敬会長、甥の資源エネルギー庁次長から安倍首相の政務秘書官になった今井尚哉が組んで原発輸出外交を展開したものが、アラブ首長国連邦、ベトナム、台湾、リトアニア、フィンランド、イギリスと、ほとんど全部失敗している。

イギリスへの原発輸出をもくろんだ日立は、三〇〇〇億円の赤字を出して二〇一九年一月に計画凍結を発表。一七年二月にはＧＥ日立ニュークリアエナジー（ＧＥ六〇パーセント、日立四〇パーセント）の子会社が手掛けていたウラン濃縮事業からの撤退で、やはり七〇〇億円くらいの損失と発表しました。日立化成を売ったり、スイスの直流送電のＡＢＢ社を買収してうまくいかなかったりと、ピンチになっている。

三菱重工も、安倍首相肝いりのはずのトルコの原発計画で、二〇一八年一二月のトルコ大統領との会見で安倍首相は、はじめから救済策を放棄していた。ＭＲＪジェット機は飛ばないし、豪華客船も失敗するし、二〇一四年に日立と火力発電事業を統合して「三菱日立パワーシステムズ」という会社をつくっていたのに、南アフリカの石炭火力プロジェクトでは日立との間で、七七〇〇億円の損失の押し付け合いで争いになっています。

◎認めるしかない現実

日本政府が後押しする原子力輸出案件が軒並み暗礁に乗り上げた。
（二〇一九年一月二一日付電気新聞）

日立や東芝が輸出撤退の方針を明確化する方向のニュースが流れるたびに、両社の株価は上昇に転じている。原発はもはや、利益を生み出す役割を失いつつあるのかもしれない。
（エネルギー政策研究会『ＥＰ ＲＥＰＯＲＴ』二〇一九年二月一日号）

日本は、スーパーコンピュータがベクター型からスカラ型に移行したのに後れを取って、クラウドにも乗り遅れました。電気自動車への転換も、中国が台頭してくる。他にも、液晶ではシャープが鴻海（ホンハイ）に買い取られて、ジャパンディスプレイも危ない。

かつて日本製品が世界シェアの上位を占めていたものが見る影もない。リチウムイオン電池もテスラが出てきて、日本の位置がかなりおびやかされています。

日本の産業は、安倍政権下で急速に衰えています。それを日銀が金融緩和でどうにかもたしている。東電も東芝もゾンビ企業として生き残らせているだけ。だれも責任を問われることのない無責任体制こそが、産業構造の転換をさまたげ、日本経済の長期衰退をもたらしたんです。責任を取るべき人がきちんと責任をとって誤りを正していかなくてはいけないのに、変化を恐れて古いものにしがみついている。

地域分散ネットワーク型への転換

おそらく新しい脱原発の論理は、脱原発でエネルギー転換をして、そこから新しい産業を立て直していくところに、いま最もホットな論点が移ってきているんじゃないでしょうか。

原発は安全でないというのは自明なことで、多くの人が当たり前のこととして受け入れています。原子力ムラが必死に動かそうとしても、九基ほど再稼働したところで後が続かない。しかも、関西電力の原発マネーの還流問題が起きている。今の論点は、原発にこだわっていると、日本の産業は滅びてしまうというところにあるんだと思います。

逆に言うと、日本の産業の衰退をどうやってはね返して再生していくかというところに、脱原発は結びついている。産業構造は、集中メインフレーム型から地域分散ネットワーク型に変わらなきゃいけないんです。集中メインフレーム型は大量生産・大量消費の重化学工業時代の考えで、これは人口が増え、所得が増え、輸出を拡大していくために国際競争力がないと成り立たない。ところが、先ほど述べたように、人口も所得も減り、国際競争力が低下しているので、どんどん大きくしていくと、発展が行き詰まっちゃうというか、現に行き詰まっているんですね。

それでは日本に未来がないかというと、そうじゃない。地方分散ネットワーク社会では、

◎安全は幻想

〈福島第一原発〉事故の進展中、とにかくわからないことがほとんどでした。評価や判断に確信が持てるということはほとんどありませんでした。今はたくさん対策をとったので、今度もし事故が起きたときはそうはならないと考えるのは幻想に過ぎません。

（更田豊志原子力規制委員会委員長職員訓示、二〇一九年三月一一日）

図2　福島原発事故前54基の現状

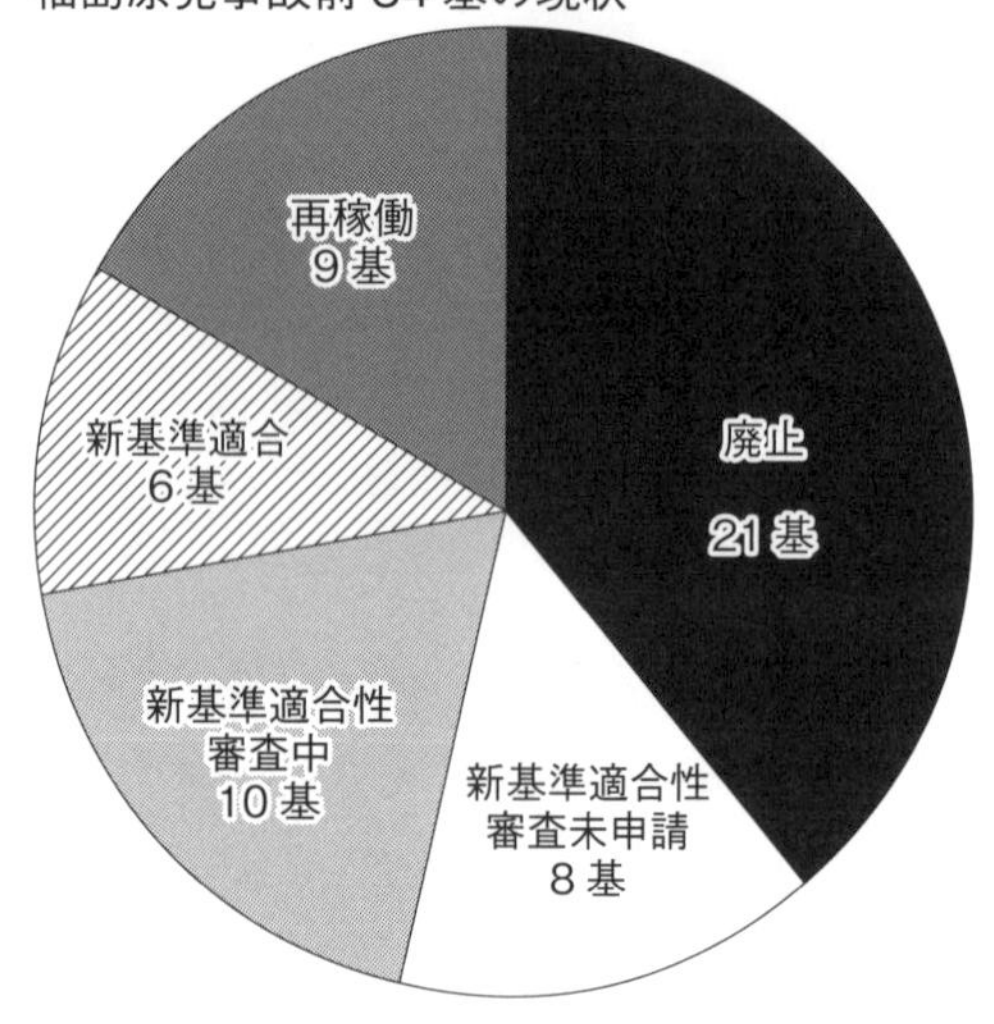

『はんげんんぱつ新聞』第497号より

大量のデータをＩｏＴ（物と物をつなぐ情報通信技術）で瞬時に処理し、一ヵ所に大量に集中するんじゃなくクラウドで分散して管理する。それは、分散型のエネルギー転換とよくフィットしています。再生可能エネルギーは、一つ一つは小さいものが複雑に動き、コンピュータが大量のデータを処理して瞬時に調整していくことで可能性が広がります。蓄電池がさらに発展すれば、周波数の乱れみたいなものも調整できる。

不安定で効率的でないと言われてきた再生可能エネルギーが、むしろ安定的で効率のよいシステムになるんです。

分散型のエネルギーシステムというのは、クラウドコンピューティングによって効率的になっている。そこにこそ新しい経済発展がある。単にエネルギーだけじゃなくて、医療も介護も農業も多様なニーズをたちどころに大量のデータを処理することでうまくできます。

残念ながらクラウドの技術で言えば、日本は全く遅れちゃっている。転換をして、企業横断的なオープン・プラットフォームができれば、メーカーごとバラバラになっている様式のデータをきちんと接続することができるようになります。

その地域に住んでいる人たち、供給者・負担者・消費者・利用者が参加して、地方のことを地方で決定していく。地域の人たちが自ら出資して、地域のリソースを生かして再生可能エネルギーや社会福祉や農業と結んでいく。そのうえで、そうした地域同士でお互い足りないところを補い合っていくんです。もちろん、地域で処理できないことは、広域団体や国が処理します。

そんな新しい社会、地域分散型の社会というのは、コンピュータのような新しい技術と一致している。新しい産業システムや新しい社会システムということが明白になってきている。だとすると、一気にそこへ向かって進むためには、原発をやめないといけない。むしろ再生可能エネルギーを中心にした電力供給ネットワークの開発を進めていくことによって、地方のニーズをすくって自己決定できる社会をつくるイノベーションの導火線となる。

そういう新しい未来社会のありようを追求していくポジティブな見方を、原発をやめるために説いていかないといけない時代に入った。

◎新増設は、もう無理

全面自由化となって、電源間の徹底的な競争が導入されると、おそらく原子力は選択されないだろう、と思われます。リードタイムに一〇か、二〇年、運転に四〇年、炉を廃止するのに三〇年かかる。出てきた高レベル廃棄物を冷やすのに五〇年かかる。その後、高レベルの処分場の管理が一万年もかかる。そういった事業に誰が手を出すだろうか。

（矢島正之＝電力中央研究所経済社会研究所研究参事――『エネルギーいんふぉめいしょん』二〇〇二年一二月号）

とても残念だが、原子力発電所の新増設は、もう無理だと、つくづく思うようになった。不毛な価格競争で、電力会社の経営は疲へいするばかりだ。もう、建設に振り向ける資金余力はない。［中略］原発ができても、相応しい価格で電気が売れる保証はなく、そんなものに、一兆円近くを融資する金融機関は、あり得ない。

（佐野鋭＝『エネルギーフォーラム』編集主幹――同誌二〇一八年五月号）

そのためには、電力会社を解体する必要があります。地域独占を変えると同時に、いまの状態では原発は「不良債権」です。原発五〇基の時代に、動かさなくてもメンテナンスだけで年間一兆円かかると言われていた。じゃあ廃炉にするかというと、原発でも核燃料サイクル施設でも、減価償却ができていない。廃炉と言ったとたんに、償却の済んでいない、帳簿上に「価値」として残っているものが「特別損失」になる。廃炉費用の積み立て不足も問題になります。廃炉の引当金は廃炉後にも積み立てが続けられるようになったけれど、それでは足りない。

一方、今のように、発電と送電の分離を法的分離でよいとして持ち株会社を認めちゃうと、送電会社は持ち株会社傘下の原発を動かしたくなる。その状態をやめさせるためには、発電会社と送電会社を完全に所有権分離しないといけないいし、電力取引を監視する機関をもっと独立したものにしないといけない。

やはり本格的な電力システム改革を行なうには、まずは①経営責任を問わなくちゃいけないし、②国民負担をもっと小さくしないといけない。③原発で働いている人たちの雇用もできるだけ確保しないといけない。そういう原則を具体化するには、どうするべきか。

岩波新書の近刊『平成経済　衰退の本質』で、こうまとめました。

一　ゾンビ企業と化した東京電力を民事再生にかける。株主責任を問い、原発融資分に関して銀行の貸し手責任を問う。東京電力と子会社の資産および新会社の株式売却益を賠償費用に充当する。なおも残る賠償費用については国が責任を負う。

二　核燃料サイクル政策を止め、六ヶ所村の再処理施設を廃止する。電力料金にかかる再処理料金について見直す。廃止費用を除いて残る積立金と毎年かかる再処理料金を一定期間、福島の事故処理費用に充当する。

三　エネルギー予算の組み替えを行い、事故処理・賠償費用を捻出する。

四　原発ゼロ基本法案を通過させたうえで、東京電力以外の電力会社については、原発および関連施設、廃炉引当金不足額に相当する額の新株を発行させ、国が引き受けると同時に、原発を切り離し、日本原子力発電に集め、廃炉のための工程表を作成する。

五　国は株主として、すべての大手電力会社を発電会社と送配電会社に所有権分離する。しかる後に、国は電力会社の株式を時間をかけて売却し、資金の回収に務める。

六　二〇一五年四月に設立された電力広域的運営推進機関、同年九月に設立された電力取引監視等委員会（一六年四月に電力・ガス取引監視等委員会に改称）に関して、その独立性を高めるために、人事について国会承認を必要とする独立機関とする。同時に、徹底した情報公開を義務づける。

七　送電会社には、地域に設立された再エネの中小電力会社の優先接続を義務づける。

異論があるかとも思うけれど、僕なら、こうする改革案を出すということです。そこは皆で議論して考えていけばいい。ともかく原発を電力会社から切り離さないといけない。

地域分散ネットワーク型の社会では、自分たちが投資をして自分たちが経済の主体になる経済民主主義を実現できます。そうしないと、ほんとうの意味で私たちが主人公になれない。

そういう新しいビジョンは簡単に実現しないと思われるかもしれない。でも、ともあれ、それをやらないとエネルギー問題で日本はガラパゴス化しちゃうし、産業がつぶれていっちゃう。必然的にそこに向かわざるをえないんです。そのことに確信をもって、経済を再建するために脱原発の新しいありようを追求していかないといけない、そういう時代に入ってきたと言えます。

発送電分離を促すためにもう一つ。市民がファンディングの力をつけて、自治体を巻き込んで、中小の電気事業者が、大手電力会社の筆頭株主になったらいいとも思いますね。


（談、文責＝『はんげんぱつ新聞』編集部）

第2章　原子力安全協定の地域枠拡大始末――東海村長の挑戦

元茨城県東海村長　村上達也

はじめに

与えられたテーマは、①東海第二原子力発電所（以下東海第二）再稼働に関わる原子力安全協定（以下安全協定）の改定、即ち茨城県と東海村が独占していた権限を周辺の自治体（五市）に拡大した背景と狙いについて、②脱原発に向けた自治体の役割——であるが、少し回り道をしながら話を進めたい。それは、国策と僭称されている原発が相手であり、また地方自治に関わる問題でもあるから。

熊本水俣公害は、国がその存在を公式に認めてから六〇年余の年月を経てなお、未だ数万人もの未認定患者を不知火海沿岸に抱え、続いていて、被害者は、世代を越えて苦しめられている。「ある意味の国策会社」である（株）チッソが原因企業であったがため、熊本県と水俣市当局も被害者住民の側にではなくチッソ側に立ってしまったからで、自治体としての役割と責任を放棄したがためである。

福島原発事故についても、被災者、避難者の状況を見ていると同じ様相だ。晩発性放射線被害は否定され、国、県の復興加速化の掛け声で強引な故里帰還が強行され、避難者の棄民化が進んでいる。原因企業の東京電力や政府、福島県、自治体の今の姿勢では、水俣事件と同じ過ちを犯すのは避けられない。戦争同様、犠牲は常に国民である。

自治体の首長は、口を開けば「首長の使命は住民の生命と財産を守ることだ」というが、それには日本国憲法の人権尊重、個人の尊重、地方分権の理念を正面に立て、住民サイドで国と東電に正面から対峙し、ものが言えねばならない。現実はどうか。

一　村長としての私の覚悟

迂遠だが、村長としての覚悟、ここから始めたい。私は、大手の地方銀行で主に融資審査畑を歩いてきた。私の信条は、「銀行の融資とは儲かればいいというものではない、付加価値を生み社会に貢献するものでなくてはならない」を愚直に貫くことであった。その私は、地方分権時代到来の風を受け、地方政治にやり甲斐を見出し村長になった。そこがたまたま原子力発祥の地、原子力センターの東海村であった。

村長就任の一九九七年は、政府の地方分権推進会議が第二次勧告を出し、二〇〇〇年には地方分権推進一括法が制定され二〇〇一年から施行された。国、県、市町村は主従上下関係ではなく対等、集中から分権へという新地方制度体制に夢を抱いた。だが、平成の大合併に誘導され誤魔化され潰（つい）えていった。例外は、原発と対峙していた佐藤栄佐久知事の福島県と脱ダムの田中康夫知事のいた長野県だけで、あとは雪崩を打って潰えていった。私自身も、夢を大事に地方分権の道を追求し続けてきたのだった。

就任二年後の一九九九年九月三〇日、最初の洗礼がやってきた、東海村JCO臨界事故である。工場境界で、ガンマ線毎時〇・八四ミリシーベルトという恐るべく高い放射線が測定され（避難後測定で中性子線毎時四・五ミリシーベルト）、国、県の対応が遅れる中で、私は責任を一身に負い、災害対策基本法に則り独断で住民避難を敢行した。原子力事故では日本初の住民避難であった。

当時は原子力災害対策特別措置法はなく、規制部門は推進機関である科学技術庁の中にある原子力安全委員会、名ばかりの規制体制であった。推進機関から独立した大統領直属のアメリカのNRC（原子力規制委員会）と較べたら、なんと能天気、科学精神の欠如した国だと憤慨した。原子力安全委員会策定の「原子力防災指針」というものがあったが、中身は笑止、公衆を被曝させるような「過酷事故」は「仮想事故」であるから「具体的な対応は必要ない」という代物だった。

この臨界事故経験から、この国は原発を持つ能力も資格もないと断じた。村内で単独で核燃料サイクルが可能な程の多くの原子力施設を抱え、大量の高レベル核廃棄物を保有している東海村の村長としての覚悟は定まった。村は原子力に命運を預けない、原子力推進の旗は振らない、地方分権、地方主権の実現こそが私の使命であると。

余談だが、こう宣言した後の三度の選挙は大変だった。住民の三分の二が原子力事業所、日立製作所関連という村であり、県議の八割が自民党という茨城県であったから、とうてい勝味のない選挙となった。だが辛くも私は勝利することができた。ある人の言うには「お前が村長になって役場が変わった」と。最高の賛辞だった。

二　東日本大震災と福島原発事故の衝撃——東海第二の危機

東日本大震災では東海村も震度六弱の強震に見舞われ、電気、上下水道、道路、通信等すべてのインフラは破壊され、数千戸の家屋は倒半壊し一部には津波被害も起きた。三二箇所の避難所も開設し、数日後からは福島からの避難者への支援も加わった。ＪＣＯ臨界事故での経験を遥かに超え、次元の違う修羅場が長期間続いた。

福島原発事故の進展は、災害対策本部のテレビで逐一見ていた。この事故で最も緊張したのは三月一五日早朝、福島第一の一、三号機に続いて四号機の爆発があった朝で、東海村の空間線量が毎時五・一マイクロシーベルトに上昇し、戸外での復旧作業は拒否され、日立製作所ＯＢの原発技術者から四号機燃料プール破壊による格納容器外での燃料溶融（メルトダウン）の危険を教示された時であった。もう一つは三月二三日、東京金町浄水場で乳幼児の摂取制限値の二〇〜三〇倍もの放射能が測定された時であった。前者では、全村避難が頭をよぎった。後者では、親たちは恐慌を来し、ペットボトル水を求めて殺到、数日間はパニック状態となった。

テレビで見た政府と東京電力の事故対応状況は、原子力災害には手も足も出ない、住民の命よりは原子力産業擁護が主眼となっているのが見え、「軍は戦闘が目的であり住民の保護は目的でない」という言葉が想起された。現に、広域の放射能測定はアメリカの支援がなくてはできず、放射能汚染地図は五月になってからやっと発表される始末で、住民保護は泥縄式であった。福島県は政府の下部機関になり下がり、住民には害あって一利もなく（SPEEDI情報の隠蔽等）、情報を欠く中でひとり市町村職員が住民保護に奔走したのだった。

足下の東海第二原発はどう見ていたのか。災害対策本部には、炉心状況について一一日の午後一一時過ぎから情報が届いた。三台あった冷却用水中ポンプの一台が津波でダウンし、冷却系統が片肺になった。冷却能力は落ちて炉内の温度、圧力は下がらず、はたまた炉心の水位が不安定に大きく上下していていた。だが燃料棒は水中に収まっているのを見て、炉心溶融は回避できるだろうと一応落ち着いて推移を見ていた。冷温停止は外部電源の回復によって一五日午前〇時で、三日半も要した。

この状況判断は余りにも迂闊、能天気であった。後で背筋の凍る思いがした。メルトダウン回避は紙一重、天啓だった。三月下旬になってわかったことだが、非常用発電機冷却用の水中ポンプ室に襲来した津波高があと七〇センチ高かったら全電源喪失となり、福島同様の危機にあった。また冷却能力の減衰は炉心の圧力調整に困難を来たし、主蒸気逃し弁（ＳＲＶ）の開閉を手動でかつ不定期に一七〇回も行い、水位の確保、炉心冷却をしていたということがわかった（通常は自動開閉）。

弁解になるが、地震・津波を伴う複合災害であったがため、足下のインフラ回復に注意力、組織力を奪われていたことがあった。

この体験からも、地震列島日本には原発はあってはならない。当時は全国で五四基も稼働していたが、全くの狂気の沙汰である。

三　脱原発の表明

東海村の危機を経験し福島原発の状況を見て、原発との共存は不可と考えていたところに、二〇一一年六月一八日、海江田経済産業大臣は定期点検を終えた九州電力玄海原発の安全宣言をし、地元に再稼働を要請したとのニュースが入ってきた。ただ唖然。ドイツのメルケル首相は五月に福島原発事故をみて脱原発を宣言し、さっそく老朽原発を停止させたというのに、この国は原発災害の只中にあり、原因究明もできていないというのに再稼働させようとは。

原発立地の首長としては驚天動地、全く許せない愚挙だ。腹は決まった。こうした国家で住民の命と財産を守り、郷土の自然、文化を後世につなぐには地方自治体の長が前面に立たねばならない。国家や大企業に依存していたら水俣のようになる。六月二七日、NHK記者の取材で脱原発の意思を表明、それが七月五日、全国に放映された。

その後、NHK特集とEテレ取材班による無人の地となった福島現地の映像がテレビで流されるようになった（余談だが、NHK特集もEテレもいい番組だった。安倍政権寄りの経営陣によって潰されたのは残念だ）。人影が消え荒れ行く福島現地の情景は、わが村に重なった。その後水戸市へ出張した折に、高速道路の高みから家並み、田園を見て衝撃を受けた。東海第二原発が三・一一に爆発していたら、ここ一帯は今頃は無人の野なんだ。二〇キロ圏内には七五万もの人がいるのだ、と思った瞬間、寒気がした。その人たちにまで東海村長は責任を持てない、と。

これが契機で、東海村が独占している原子力安全協定上の権限を（当然、電源三法交付金も）見直さねば、少なくとも一次的影響範囲の周辺市町村には拡大せねばと決心した。

四 「原子力所在地域首長懇談会」の設立と安全協定改定交渉

呼びかけ当初は、水戸市を除き周辺市町村がいずれも原発メーカー日立製作所の政治的影響力の強いところであり、東海第二廃炉を唱える「札付き」の私の呼び掛けに応じてくれるか心配した。しかしさすがに福島原発事故の直後であり、また権限拡大に関することであったので前向きに賛同を得られ、二〇一二年二月六日、初回の会議が成立した。

構成メンバーは、水戸市（人口二七万人）、日立市（一八万人）、常陸太田市（五万人）、ひたちなか市（一五・五万人）、那珂市（五・四万人）、東海村（三・八万人）で、人口は合わせて七三・七万人である。原発関連は対象範囲をできるだけ狭く限ろうとして「立地」「隣接」「隣々接」などと区別している。水戸市は隣々接となるが、ほぼ全域が二〇キロ圏内に入る人口最多の県都であり、無視できないとメンバーに入れた。

（株）日本原子力発電（以下日本原電）は、九電力と電源開発（Jパワー）の出資により設立された会社で独立性は弱く、社長を送り込んでいる東京電力、関西電力、そして電気事業連合会（電事連）の意向を汲まねばならぬだろうし、また、他の電力会社は自分のところへの波及を恐れ反対するだろうから、交渉は長引くと予想していた。ただ、地域と住民を守るには一歩も引かないとの心構えで交渉に臨んだ。他の首長も住民注視の下で同様であったろう。

案の定、日本原電の回答は私の任期中には出ず、五年九ヵ月後の二〇一七年一一月に一次回答が示された。稼働四〇年到来の一年前である。この間の首長たちの努力に感謝する。但し、条文に「実質的事前了解が担保されている」との意味不明な文言があって、首長と日本原電の間で解釈をめぐって紛糾し、二〇一八年三月に「懇談会」席上で日本原電が「拒否権」を認める発言を受けて最終調印となった。

それ以後も二〇一八年一一月に原子力規制委員会が二〇年延長運転を認可したのを受けた会議で日本原電の和智信隆副社長が「拒否権」を否定したので、紛糾した。また六首長の間でも再稼働について拒否権があるのかないのかの認識の食い違いが生じている。ただ、「一市村でも反対があれば再稼働はできないというのが原則」また「首長に拒否権あり」という市長もおり、最終的には六市村の意見がまとまらない限り先に動けないであろう。

五 「安全協定」の改定と「再稼働、延長運転に関する」協定の新設

〈概往の「安全協定」の改定〉

条文内容の変更はなし。隣々接の水戸市を加えて隣接の日立市、常陸太田市、ひたちなか市、那珂市と同列扱いとすることを規定した。但し、日立市等は丙、水戸市は丁として差別する浅知恵を弄している（ちなみに、茨城県は甲、東海村は乙）。

〈東海第二の稼働及び延長運転に関する協定書を締結〉

六条に「実質的事前了解」と銘打った項目を立て、再稼働及び延長運転については協議会での事前協議により「実質的に事前了解が担保されている」という前述の名文（迷文）が入っている。実に小賢しい。

〈確認書〉

更にはしつこく「確認書」を作成し、六市村が新協定によって新たに確保した権限とは事業者に対し、①再稼働、延長運転に際し、意見を述べ、回答を要求する権限、②協議会の開会を要求する権限、③安全対策の意見を述べ、回答を要求する権限、④追加対策を要求する権限、⑤現地確認を要求する権限、と麗々しくのたまわっている。

バカバカしい、これらは日本原電から指図される話でない。当たり前だろう。とどめはこうだ。これが日本原電の核心で、

⑥新協定は再稼働、延長運転について実質的に事前了解を担保する協定である。

重ねて「実質的事前了解を明確にするため第六条として条文化した」とした説明書きまで

している。

〈首長たちの認識の差が発生〉

この新協定をめぐっては首長たちの問に認識の差もある。東海村長は「懇談会は再稼働を判断する場。了解権は持っているが拒否権ではない。拒否権は安全協定の趣旨から外れている」と。また日立市長も「安全協定は拒否や同意でなく、話し合いをする場」と。かたや那珂市長（二〇一九年二月退任）は「拒否権を持っている。一つでも反対すれば再稼働はない」、水戸市長は「再稼働は前提としてない。実質的事前了解権とは再稼働させるかさせないかという権限だ」、常陸太田市長は「一つでも反対すれば再稼働をしないというのが協定の原則」と。その後、和智日本原電副社長が懇談会との会合で「『拒否権』と新協定にはどこにもない」と発言し、紛糾し撤回するという一幕があった（この部分は「朝日新聞」茨城版の記事による）。

とまれ、各首長個人の認識はどうあれ一定の権限を取得した以上、それをどう行使するか、首長の見識、力量が問われることになった。

〈住民の眼〉

茨城県民の世論は、ＮＨＫ出口調査では二〇一七年八月の知事選では七六パーセント、二〇一八年一二月の県議選では七三パーセントが東海第二の再稼働反対である。また、茨城県四四市町村議会の内、二九市町村議会が再稼働反対・廃炉の決議・意見書採択、加えて五市町議会が趣旨採択（編者注＝趣旨には賛成との意味）をしている。この世論に抗っても再稼働に与するような「首長懇談会」の首長が出るとは、私には考えられないのだが。

住民は必死である。一例を挙げれば、政権党の牙城、常陸太田市では元自民党市議がグループをつくり、戸別訪問を行い一万筆の再稼働反対署名集めに汗をかいている。また日立製作所の本拠地の日立駅頭で二〇一一年七月から毎週土曜日、一日も欠かさず一人で再稼働反対の署名集めを続けている女性もいる。

六　脱原発に向けた自治体の役割

私は元々、従来の安全協定に隣接四市と水戸市を東海村と同列に立たせようとこの会議を招集したのだが、二〇一三年の私の退任の後、右に述べたように変質していった。原発事故の影響範囲は面積狭小な東海村にはとどまらない。それは、福島原発事故やチェルノブイリ原発事故の例ばかりか、私自身も一九九九年のＪＣＯ臨界事故で実体験済みだった。

原発事業者と政府が立地自治体のみに限定したいのは、この地震大国において住民が不安に思う原子力施設をつくり維持するには対象を極小にしたいがためであり、また地域対策のための電源三法交付金の対象を限定したいがためであろう。しかし福島原発事故を起こした国として許されることではない。

この「茨城方式」は、全国の原発立地周辺地域で注目されているが、電力会社ばかりか立地自治体からの反対にあって進展してないようだ。立地自治体の首長は、電源三法交付金の独り占めが危うくなると思っているのだろうか。だが、原発事故が起これば狭い行政地内に収まらず、UPZ（緊急時防護措置準備区域）の三〇キロ圏内はもとより更に広い範囲に回復不能な被害をもたらすことは明白になった。立地自治体の首長が安全協定の枠拡大に反対するなどは人倫に悖る行為だと知るべきである。

世界の潮流は再生可能エネルギーの普及が急進展し、かたや原発は廃棄物処理の展望もなく、はっきり衰退産業となっている。エネルギー革命は確実に進展しているし、国内でも福島原発事故の後、原発立地自治体の衰退、停滞は顕著になってきている。

おわりに

一九七二年、ローマクラブは『成長の限界』（ダイヤモンド社）を出した。翌年、シューマッハーは『スモールイズビューティフル』（講談社学術文庫）という経済哲学書を出した。それから半世紀に近い年月が経った。だが世界経済は破壊的に拡大し、今や人類は現実となった地球温暖化と人口爆発、高齢化に慄（おのの）いている。

この国は「成長戦略」を唱え、世界の潮流は今や太陽光や風力発電主流に変わっているのに抗い、原発輸出に狂奔した。しかし悉く失敗した。既に世界は脱原発、再生可能エネルギーが主流となっている。米中二大経済大国の貿易戦争も始まっている。国内は人口減少下、大都市への人口集中と地方の過疎化が進んで国民は疲弊している。

二〇年前、当時の水俣市長の吉井正純さんがこう語っていた。「大企業、中央依存の時代は終わった。地元の資源活用で地域循環型経済社会をつくるときだ。水俣は健康・環境都市となっていく」と。これが今日の時代精神であり、地方が目指すべき照準である。

地方自治体は、こうした現実を直視し、下手に開発発展を目指すのでなく先祖から伝えられた地域財産と人とを活かした社会を目指すべきときである。石炭、石油火力、大型ダム、原子力発電の時代は終わった。太陽、水、バイオ資源の宝庫は地方にある。地方自立に最も害悪なのは原発的なものへの依存する心にある。

第3章　新潟県の原発検証体制

原発反対刈羽村を守る会　武本和幸

他地域には見られない新潟県の原発検証体制整備の経過

柏崎市議会の原発誘致決議・東京電力（以下、東電）の柏崎原発計画の発表は一九六九年、五〇年前であった。当初は東電と国、県、柏崎市・刈羽村が一体となって原発建設を進めた。柏崎刈羽原発一号機は八五年に運転を開始し、最後の七号機は九七年。七基計八二一万二〇〇〇キロワットの世界最大の集中立地原発となった。

状況が変わったのは九〇年代半ばだと考える。スリーマイル島原発事故（一九七九年）でも、チェルノブイリ原発事故（一九八六年）でも、新潟県の原発推進体制は変わらなかった。一九九五年一月一七日に兵庫県南部地震・阪神淡路大震災、一二月八日にもんじゅナトリウム漏れ火災事故が起こる。九六年一月二三日、福井・福島・新潟の三県知事の「今後の原子力政策の進め方についての提言」が発せられた（プルサーマル計画の呼び水になったとの批判もあるが、地方が国策に疑義を発した最初の出来事として注目される）。八月四日、巻町原発住民投票勝利。九九年九月三〇日、ＪＣＯ臨界事故。

二〇〇一年五月二七日、刈羽村プルサーマル住民投票は反対多数で勝利した。ところが〇二年、原発推進の刈羽村長は、一年たってプルサーマル反対の民意は変わったと、住民投票結果を覆すため、集落別懇談会を開催した。

その懇談会の最終日の八月二九日、東電は原子炉心や配管のひび割れや法定検査の偽装を自白。いわゆる「トラブル隠し事件」が発生した。東電は一〇月、「不正をしない風土とさせない仕組みを構築する」「情報公開する」と表明。翌〇三年に、柏崎刈羽地域に「原子力発電所の透明性を確保する地域の会」（以下地域の会）が、新潟県に「新潟県原子力発電所の安全管理に関する技術委員会」（以下技術委員会）が発足した。

二〇〇四年に新潟県中越地震が起こり、その余震で一一月二日、七号機がスクラム（緊急停止）した。中越地震の直前に平山征夫知事から泉田裕彦知事に代わった。〇六年一一月に発覚した火力発電所の海水温記録の改竄が契機となり翌〇七年三月まで続いた電力各社の不正行為調査では、制御棒の脱落や臨界事故まで含め一万件を超えた。東京電力は海水温の改竄（海水の冷却水の取水温と放水温の温度差が七℃を超えると七℃に改竄）を「補正」と主張して譲らなかった。

二〇〇七年七月一六日には、新潟県中越沖地震が発生、柏崎刈羽原発を直撃した。新潟県は技術委員会の任務に「中越沖地震に関連した課題に関して、国及び東京電力株式会社等が行う調査の結果並びにそれに基づく対応に対する専門的な検討」を加え、「地震、地質・地盤に関する小委員会（地小委）」と「設備健全性、耐震安全性に関する小委員会（設備小委）」を設けた。

地小委は、二〇〇八年三月一七日の第一回から二〇一一年八月三〇日まで二七回の委員会を開催し、一一年一一月二一日には東北地方太平洋沖地震の一ヵ月後に生じた湯ノ岳断層の視察を行なっている。設備小委は、二〇〇八年三月一四日の第一回から一一年二月二三日まで五〇回の委員会を開催した。

二〇一一年三月一一日、東北地方太平洋沖地震が発生、福島原発事故となった。事故を起こした東電への厳しい世論もあって、技術委員会は事故原因や東電の資質を問題にし続けている。全体会議では十分な時間がとれないため、地震動による重要機器の影響、海水注入等の重大事項の意思決定、東京電力の事故対応マネジメント、メルトダウン等の情報発信の在り方、高線量下の作業、シビアアクシデント対策を課題別に議論してきた。こうした議論で、福島第一原発事故で二ヵ月間もメルトダウンを隠してきたことが明らかになった。高線量下の作業についての提言もしている。事故原因は地震の揺れか津波の浸水かの議論は、今も継続している。

歴代知事と検証体制整備

歴代知事と検証体制整備を振り返ると、一九九五年もんじゅ事故・二〇〇三年東電トラブル隠し事件は平山征夫知事時で、県技術委が発足した。二〇〇七年中越沖地震、二〇一一年福島事故は泉田裕彦知事時の出来事であった。技術委員会は東電トラブル隠しで発足し、中越沖地震で地小委と設備小委を新設し議論を続けたが、３・11福島事故を防ぐことはできなかった。

福島の隣県である新潟には、多数の避難者が来たし放射能も降った。技術委は福島事故を巡って議論を重ねたが、工学や技術領域が中心であった。

二〇一六年一〇月、東電に厳しく対処した泉田知事は立候補せず、米山隆一知事に代わった。米山知事は医師であり弁護士資格を持つ合理的思考の人で、「原発事故は工学や技術の理系だけの問題ではない、住民の健康と生活に対する影響や事故時の避難ができるのか検証が必要だ」として、二〇一七年八月に健康と生活への影響に関する検証委員会と原子力災害時の避難方法に関する検証委員会を、二〇一八年一月に技術委・生活と健康委・避難委の議論を総括する検証総括委を設けた。技術委も生活と健康委、避難委も福島事故の検証を続けている。

二〇一八年六月、米山知事が辞任し、自民・公明が推薦支持した花角英世知事が誕生した。原子力政策に関しては、厳しい世論を承知して、米山県政の検証路線を引き継ぐとしている。

各委員会の任務

再稼働を目指す東電は一三年九月に六、七号機の新規制基準適合性審査を申請し、一七年一二月に基準合格を得ているが、柏崎刈羽原発固有の問題の技術委員会での審議はなされていない。

県の各委員会の任務を運営要綱から転記する。

技術委員会は、県原子力安全対策課長の求めに応じ次の五項目を行なうことになっている。

(1) 新潟県が東京電力から原子力発電所に関する通報連絡要綱に基づき連絡を受けた内容に関する技術的な助言・指導
(2) 新潟県、柏崎市、刈羽村が実施する発電所周辺地域の安全確保に関する協定書に基づき実施する立入調査及び状況確認への立会い
(3) 新潟県が実施した状況確認等の内容についての技術的な助言・指導
(4) 中越沖地震に関連した課題に関して、国及び東京電力株式会社等が行う調査の結果並びにそれに基づく対応に対する専門的な検討

新潟県の検証体制

(5)　その他柏崎刈羽原子力発電所の安全管理に関し必要な事項

地震、地質・地盤に関する小委員会は、原子力安全対策課長の求めに応じ次の四項目を行なうことになっている。

(1)　地震、地質・地盤に関する事項についての専門的な検討及び県への技術的な助言・指導

(2)　国の調査・対策委員会等での議論や評価結果について、県民の安全と安心の観点からの確認

(3)　新潟県、柏崎市、刈羽村が実施する発電所周辺地域の安全確保に関する協定書に基づき実施する立入調査への立会い

(4)　その他、地震、地質・地盤について必要な事項

設備、耐震小委員会は、原子力安全対策課長の求めに応じ次の四項目を行なうことになっている。

(1) 設備健全性や耐震安全性に関する事項についての専門的検討及び県への技術的な助言・指導

(2) 国の調査・対策委員会等での議論や評価結果について、県民の安全と安心の観点からの確認

(3) 新潟県、柏崎市、刈羽村が実施する発電所周辺地域の安全確保に関する協定書に基づき実施する立入調査への立会い

(4) その他設備健全性、耐震安全性に関する事項

健康と生活への影響に関する検証委員会は、健康分科会と生活分科会があり、健康分科会は健康対策課長の求めに応じ福島第一原子力発電所事故による健康への影響の検証を行ない、生活分科会は震災復興支援課長の求めに応じ福島第一原子力発電所事故による避難生活の影響の検証を行なう。

原子力災害時の避難方法に関する検証委員会は、原子力安全対策課長の求めに応じ原子力災害時の避難方法の検証を行なう。

新潟県原子力発電所事故に関する検証総括委員会は、知事の求めに応じ、次の二項目を行なう。

(1) 新潟県原子力発電所の安全管理に関する技術委員会が行う「原発事故の原因の検

証」、新潟県原子力発電所の事故による健康と生活への影響検証委員会が行う「原発事故による健康と生活への影響の検証」及び新潟県原子力災害時の避難方法に関する検証委員会が行う「安全な避難方法の検証」の総括

(2)　その他、総括に関して知事が求める事項

いま原発で起きていること

二〇一九年の現在、原発反対運動五〇年で経験したことのない状況が広がっている。

原子力発電所は、電力需要が増大するから必要であり、経済的に割安な発電方式、安全な発電だと喧伝されてきた。電力需要の減少で、原発の運転が不要の時代となった。東電のピーク電力の最大は〇一年七月二三日に記録した六四三〇万キロワットであり、年間電力量の最大は〇七年の二九七・四兆キロワットアワーである。3・11以降は、最大電力は五〇〇〇万キロワット、年間電力量も二五〇兆キロワットアワー程度で推移している。東京電力の需要は、全国の三分の一を占める。他電力も同様の推移を示している。人口減や電気製品の省力化・効率化が進み、需要の増大はあり得ない。

原発は、以前から決して安い発電方式でないとの指摘があったが、建設費を超える追加対

策工事費が嵩むことになり、安価な発電方式でないことを東京電力自らが認めたことになる。

安全でないことは福島原発事故で明白な事実となった。

運転すれば必ず生まれる放射性廃棄物の問題も世代を超える重要事項である。

二〇〇七年中越沖地震以降、満足に運転していない柏崎刈羽原発ではあるが、使用済燃料プールは貯蔵容量二万二四七九体、管理容量一万六九一五体のうち八割を超える一万三七三四体で埋まっている。再稼動すれば必ず生まれる使用済み核燃料は、行く先が定まっていない。再処理も中間貯蔵も計画通りに進まず、再稼働の障害になっている。

最近、柏崎刈羽や原子力業界で起こったことを報告し考えてみたい。

1　山形県沖地震と緊急時の通報ミス事件

二〇一九年六月一八日二二時二二分、新潟県と山形県の県境沖でマグニチュード6・7の山形県沖地震が発生、緊急地震警報が発せられ、まもなく、柏崎刈羽は最大震度5弱の揺れに見舞われた。柏崎刈羽原発では、周辺の公的観測所である柏崎市役所、旧西山町役場、旧高柳町役場、刈羽村役場、出雲崎町役場のいずれかで震度3以上の揺れが観測された場合に、発電所の状況を行政に報告する協定がある。この協定に基づき発せられた通報に、使用済み燃料プールの電源に異常があるとの誤ったファックスが送付された。課長級職員が作成・チェックして送ったものとのこと。柏崎市長は、市民と滞在者の安全に責任を負う者として看過できないと怒り、東電に抗議した。八月末に当直者を増やす等の改善策が示され、全職員による謝罪の全戸訪問が始まっている。

発電所内部に精通している人からは、福島事故や何年も稼働できない原発で職員が気力を喪失し無力感が漂っている、精神的病が多発している、建設時に比較して資質の低い者が多くなった――等の情報が寄せられている。起こるべくして起こった誤りなのかも知れない。危険な原発を管理しているとの自覚が感ぜられず、類似事件の発生は繰り返されるだろう。

２　適合基準に対応するため一・二兆円の対策工事費が必要

二〇一九年七月二六日、東電は、柏崎刈羽原発の六・七号機の再稼働のため、新基準適合対策として一兆二〇〇〇億円の費用を要すると発表した。対策費は、二〇一三年七月には四七〇〇億円、一六年一二月には六八〇〇億円とされていた。今後の詳細設計で増額は避けられないとのこと。

柏崎刈羽原発の建設費は、初期の一号機が四七六〇億円、二号機が三〇〇〇億円、五号機が三五六〇億円であった。経費削減が重視された三号機は三二五〇億円、四号機は三三四〇億円と経費削減が続き、ＡＢＷＲ（改良型沸騰水型軽水炉）の六・七号機は経済的な炉だと宣伝されていた。しかし、建設費は六号機が四一八〇億円、七号機が三六二〇億円、合計七八〇〇億円であった。初期の工事費を超える一・二兆円が必要だとの報道は、原発が経済的に成り立たないことを示している。

こうした追加工事は、関西電力も九州電力も同額と報道されている。

3　柏崎市長が求めていた、再稼働の条件としての廃炉計画回答

柏崎市長は、地元企業の廃炉作業参入の経済効果を期待し、六・七号機の再稼働を容認する条件として、一～五号機の廃炉計画を策定するよう東電に求めていた。二〇一九年八月二六日、東電は「六・七号機の再稼働後、五年以内に、一基以上の廃炉も想定したステップに入る」との考えを表明した。

廃炉とはほど遠い回答と言わざるを得ない。福島の一〇基全部を廃炉にすると表明した東京電力には廃炉にしたくない事情があるだろうが、再稼働は不可能で全号機の廃炉しかないと考える。

柏崎刈羽原発は、二〇〇七年の中越沖地震以降、満足に運転していない。中越沖地震後に稼働したのは七号機・六号機・一号機・五号機の四基で、二号機・三号機・四号機の三基は

一二年間全く動いていない。建設時の柏崎刈羽原発は、日本海側での津波は小さいとされ、南側の荒浜側の標高五ｍ地盤に一～四号機が、北側の大湊側の標高一二ｍ地盤に五～七号機が建設された。東京電力は、福島事故は想定外の津波が原因だったとの立場で、柏崎刈羽原発の津波対策は一五ｍの防潮堤が必要だとし、荒浜側は杭基礎による高さ一〇ｍの鉄筋コンクリート製の逆Ｔ式擁壁で、大湊側は高さ三ｍの盛土で標高一五ｍの防潮堤を建設した。

原発の規制基準は、緊急対策所が、いかなる事態でも機能することを求めている。適合審査審議で、荒浜側の防潮堤は基準地震動で杭基礎が液状化により損傷することが判明して自主設備に変更して審査を回避。免震重要棟も基準地震動では免震ゴム装置の変位量が大きく破損することが判明して自主設備に変更して審査を回避した。

適合審査で必要な緊急対策室は、当初荒浜側の三号機と免震重要棟に計画していたものを大湊側の五号機に設置すると説明し、合格を得ている。この経過は、柏崎刈羽原発の敷地が劣悪であること、東京電力の運転再開のための場当的な対応といえ、規制当局の電力会社擁護の体質を示すと考えられる。

柏崎刈羽原発は、油田地域に立地している。中越沖地震で七～一一センチ不同隆起したが、その後の観測で、さらに不同隆起が継続していることが明らかになった。柏崎刈羽は原発立地に不適な敷地に建設してしまったのだ。六・七号機再稼働の条件に他号機の廃炉計画を求める柏崎市長も非常識だが、いつまでも原発にしがみつく東京電力の姿も見苦しい。

4　東京電力、中部電力、東芝、日立の原子力部門合併の基本合意

二〇一九年八月二八日、東京電力・中部電力・東芝・日立は、原子力発電事業を共同事業化する方向で基本合意した。背景には、東京電力は、福島事故で実質経営破綻し国営化したこと、中部電力は浜岡が全号機停止していても維持管理費が年間一〇〇〇億円を要していること。東芝はウェスティングハウス買収で経営危機となり半導体部門などを売却、日立も海外進出計画が頓挫し、原子力部門が危機的であることがあり、福島原発事故以降、安全対策でコストが膨らんでいて、原子力事業の継続が困難になっていることがある。

合意締結の声明には「安全性および経済性の向上と人財・技術・サプライチェーンの維持・発展に向けたサステイナブルな事業体制の構築を目指し共同事業化に向けた検討」とあるが、原子力村関係者が、原子力事業継続のためには単独企業では困難なので、連携して原子力事業を行なうとの表明だ。

ＢＷＲ（沸騰水型軽水炉）関係四社の原子力部門合併は、原子力の行き詰まりを示す出来事として注目したい。こうした状況の中で一刻も早く脱原発を実現するに、私たちは何をなすべきかを真剣に考えたい。

第4章　原発のことは民意で決める

元「みんなで決める会・宮城」代表　多々良 哲

「女川原発再稼働の是非を問う県民投票条例」は成立しなかったけれど

私たちは「女川原発再稼働の是非を問う県民投票条例」の制定を求める「住民直接請求」署名運動に取り組み、二〇一八年秋、二ヵ月間で一一万筆超の署名を集めました。条例案が上程された宮城県議会一九年二月定例会はかつてない注目を集め、連日、傍聴席が県民で埋め尽くされ、県内ニュースのトップで報道されました。しかし議会最終日の三月一五日、自民・公明議員の反対多数によって県民投票条例案は否決されました。まことに残念。とても悔しい思いをしました。

一一万県民の願いに背を向けて、県民が意思表示する機会を奪った村井知事と自公議員の責任は極めて重大です。私たちは、一九年一〇月の県議選でこの責任を問おうとしています。県民投票実施を争点とし、選挙で議会の構成を変え、今度こそ県民投票条例を可決する県議会を作るチャレンジを準備しています。

以下は、一九年三月一四日、県民投票条例案を集中審議するために設置された宮城県議会の合同委員会において、私が請求代表者として述べた意見です。私はこの意見陳述に、署名に取り組んだ数多の県民の思いを込め、議会内外に伝えることに全力を尽くしました。この

宮城県議会の傍聴に駆けつけた県民

紙面を借りて掲載させて頂き、あのときの思いを新たにし、次なるチャレンジへの糧としたいと考えます。

県民投票条例 請求代表者の意見陳述

私たちはこの条例案を直接請求するために、昨二〇一八年一〇月二日〜一二月二日の二ヵ月間、署名活動に取り組みました。たった二ヵ月間で、誰もの予想を上回る一一万一七四三人の有効署名が集まりました。これは条例制定の直接請求に必要な法定数の約三倍、県内有権者の五・八％にあたる数です。

この署名は、これまでになく県民に広がり、浸透し、共感を呼びました。街頭署名では、「この署名をしたいと思っていたんだ」という方が向こうから駆け寄ってきて署名をしてくれる。署名板のバインダに署名用紙を挟んで準備をしているとその前に署名したい県民の順番待ちの列が出来る。署名活動を終えて片づけをしていると「署名したいのですがまだ間に合いますか」と声を掛けられる。そういうことが次々と起きました。多くの県民が「署名したい」という明確な意思を示したのです。若い人の反応もよく、デート中の若いカップルや、歩きスマホでポケモンゴーをしている青年が署名してくれたこともありました。

署名を呼びかけるテープを流しながら走行している宣伝カーが、タクシーよろしく、手を挙げて呼び止められ、「署名はどこで出来ますか」と聞かれ、その場で署名していただく。そういった数々のエピソードが生まれました。

戸別訪問で署名の趣旨を説明すると、「これは当たり前の署名だね」「私たちの意見を聞いてもらうのは当然だよね」という反応が非常に多く、「自分は原発に賛成だが、一人ひとりの意見で決めるのはもっともな話だ」と言って署名してくださる方もいました。そして街頭や戸別訪問で出会った方が、「この署名なら私も集めたい」と受任者（署名協力者）になってくれました。

署名期間を通じて、私たちが実感したことは、「大事なことはみんなで決めよう。子ども達の未来に関わる原発のことはみんなで決めよう。私たちが暮らす宮城のことは私たちが決めよう」。このシンプルな訴えが、非常に広範な人々に受け入れられるということです。多くの県民の共感を呼ぶということです。

ある受任者は「これは県民に待たれていた署名だ！」と言いました。県民は一人ひとり「原発」の問題について、きちんと考えている。自分の「思い」を持っていて、それを聞いてほしいと願っている。意思表示する機会を求めているのです。

何故でしょうか？　それは、とりもなおさず、宮城県民が3・11を体験したからです。八年前のちょうど今頃、宮城県民は誰もが被災者でした。食べ物を求め、水を求め、大人も子どもも長蛇の列を作っているところに、福島第一原発から飛来した放射能が降り注ぎました。宮城県民だれもが東日本大震災の被災者であると同時に、福島原発事故の被害者となったのです。

その共通体験を持っている宮城県民が、そして隣県福島で原発が爆発し、着の身着のままで避難する人々、そのまま永遠に故郷を失った人々を知っている宮城県民が、今度は自分たちの県にある原発の再稼働を目前にして、「自分たちが意思表示する機会を設けてほしい」「自分たちの意見を聞いてから決めてほしい」と願うのは、あまりにも当然のことではないでしょうか。

「原発再稼働問題はエネルギー政策であり、エネルギー政策は国策だ」と言われます。しかし同時に、それはすぐれて「人権問題」でもあるのです。原発がひとたび過酷事故を起こせば、その被害の範囲は空間的にも時間的にも他の事故と比較になりません。何十年何百年も人が住めない土地が生まれる。文字どおり故郷を失う。あるいは何十年も経ってから健康影響が発生する。それは世代を超えるかも知れない。そんな時空を超えた巨大災害をもたらす施設は原発以外にないのです。

原発の問題は、私たちの生命と暮らし、子ども達の未来に関わる重大な問題です。一人ひとりが当事者です。そのことを私たちは八年前に身をもって知りました。その上で「原発は必要なエネルギーだ。国策だ」というのであれば、宮城県民には、故郷を失うリスク、子ども達の健康を損なうリスクを引き受けて尚、やむなく(あるいは喜んで?)「国策」に協力するのか否か、が問われなければなりません。県民だれもが当事者となる重大問題について、県民の意思表示の機会を設けることは、当然のことであると考えます。(中略)

村井知事の意見書に「知事が判断することが、妥当な判断に繋がるものと考える」とあるのですが、残念ながら、このように考えている県民はごく稀です。多くの県民は「知事の判断に任せておけば安心だ。大丈夫だ」とは思っていません。多くの県民は「原発のことは知事にお任せできない、県民も意見を表明したい」「知事が一人で判断するのではなく、県民の意向を確認してほしい」と考えています。だからこそ、二ヵ月という短期間で一一万人もの署名が集まったのです。私たちは、地方自治法の定めに従って二ヵ月で署名を止めましたが、もしもう一ヵ月続けていればもう一〇万、さらにもう一ヵ月続けていればもう二〇万集まっただろうという手応えを持っています。署名数は尻上がりに伸びていたのです。(中略)

また村井知事は、女川原発二号機再稼働の是非を判断するに当たって「県議会における議論が有益である」と述べておられますが、このことには疑いがありません。

県議会は県民の多様な意見を聞き取って大いに議論を交わし、県議会の議論によってもたらされた情報や知見が県民に伝わって県民の理解が深まる。そのような双方向の、議会と県民の対話によって、議会の議論が深まり、県民の理解も深まるプロセスがとても重要であると考えます。

そのような議会と県民との「協働」を進めるという視点に立てば、「議会での議論」と県民投票とを対立的に捉える必要はまったくありません。県民投票を実施することは、むしろ議会に対する県民の関心を高め、議会と県民の対話を促進し、議会を活性化することに寄与します。県民投票（直接民主制）は議会（間接民主制）を補って、地方自治をより豊かにする「触媒」となると考えます。

実は「県民投票が議会活性化の触媒となる」というようなことは、すでに部分的ですが、現実に起きていると、私は考えます。

それは他でもない、この二月定例会で起きているのではないでしょうか。まだ県民投票は実現していませんが、実現を目指す運動・そのプロセスで、かつてなく県民の県議会に対する関心は高まり、県議会の仕組みがどうなっているのか勉強し、多くの県民が傍聴に訪れています。二月二一日代表質問の日は本会議場の一七〇席が県民で埋まり、入り切らない県民が一階ラウンジのモニター前に座り、全部で二六〇名の県民が議会を傍聴しました。これは宮城県議会始まって以来のことだと伺いました。

今日も多くの県民が傍聴に訪れています。傍聴に来ている方々は、勘違いしないでいただきたいのですが、「組織動員」ではありません。皆さん自ら、自発的に来ているのです。ほとんどの方は署名に取り組んでくださった受任者の方々で、自分たちが願いを込めて全力で取り組んだ署名が県議会でどのように取り扱われるのか、条例案がどのように審議されるのか見届けようと、ある方は仕事の休みを取り、時間を作り、手弁当で駆け付けているのです。

2018 - 2019

女川原発再稼働の是非を問う
県民投票条例制定を求める
11万署名は語り続ける

県民投票運動　報告集

原発県民投票
街のことは
だいじなことは
原発のこと
みんなで
決めよう♪
げんぱつ♪
けんみ

女川原発再稼働の是非をみんなで決める県民投票を実現する会

女川原発再稼働の是非を問う県民投票運動の報告集

今回のことで初めて県議会傍聴に来た、県庁の左隣に議会があることを初めて知った、という方もおられました。ですから、本当の話ですが、私たち自身も当日になってみないと何人集まるのか、わからないのです。

県民の関心が高まり、県民世論が盛り上がるに連れて、マスコミの報道熱も高まり、連日のように議会の様子が河北新報の紙面で、テレビの県内ニュースで取り上げられています。（中略）かつて、こんなに県議会が注目され露出したことがあったでしょうか。議会の論戦や議員の動向が取り上げられたことがあったでしょうか。まさに「県民投票（運動）が県議会活性化の触媒となる」ということが今、起きていると私は思います。

そして同時に、県民投票を求める署名運動や議会への働きかけを通じて、県民同士の間でも女川原発再稼働について話題になり、話し合う機会が増え、関心が高まりました。「原発」県民投票を実施するという発想が、多くの県民がその問題を「わがこと」として考えるきっかけになり、原発問題への当事者意識・主権者意識が高まったと感じています。県民投票が実施されることになれば、この意識がさらに高まることは間違いありません。県民投票の実施には、県民の「政治参加意識」を高める大きな効果があると考えます。

つぎに県民投票の「選択肢」（二択か、三択か）問題について申し上げます。女川原発二号機再稼働に国の「合格」が出れば、東北電力からの事前了解の申し入れに対して、知事は女川原発二号機再稼働を「了解する」か「了解しない」の二択で回答します。知事の回答に「どちらでもない」とか「わからない」とかはあり得ません。であるならば、当然、県民投票の選択肢も「賛成」「反対」の二択であるべきと考えます。

何故ならば、県民投票は一般的な「アンケート調査」ではなく、「知事が行う政治的意思決定に県民の意向を反映させる」ために行うものだからです。宮城県に突き付けられた目前の大問題＝「女川原発二号機再稼働の是非」について問うものだからです。

そのように明確に問題設定され、議会や県民の間で議論が交わされ、様々な情報が県民に提供されるプロセスがあれば、県民は「賛成」「反対」の二択の判断をする力を充分に持っている。そこは県民を信頼する立場に立つべきであると考えます。（中略）

皆さん。突然ですが、今日三月一四日が何の日だかご存知でしょうか。八年前の三月一四日午前一一時一分、福島第一原発三号機が水素爆発を起こしたのです。現場で多くのケガ人が出て、大混乱に陥りました。続いて二号機の格納容器が破損し大量の放射能が放出され広範囲に深刻な汚染をもたらしたのが、本会議で採決が行われる明日三月一五日。八年前の三月一五日です。

県民投票条例案の審議と採決が、八年前に福島、宮城、東日本に深刻な放射能汚染がもたらされた、正にその日に行われるということは、私には単なる偶然ではないように思えます。宮城県民と宮城県議会は八年前の今日起きたことを思い出せと、それを胸に刻んだ上で、未来の子ども達に責任が取れる答えを出せと言われているような気がするのです。

宮城県議会議員の皆さん。女川原発再稼働問題について、議員と県民で、ともに考えようではありませんか。議員と県民との対話を深め、ともに熟議を尽くして、子どもたち孫たち、そして未来の宮城県民に対する責任を果たしましょう。この時代の私たちはみんなでここまで考え抜いて答えを導いたと、未来に向かって、胸を張れるような「協働」を進めましょう。そのためのプロセスとして、「県民投票」はとても有効であると考えます。

宮城県議会におかれましては、県民投票条例案を可決していただき、県民投票を実現していただきますよう、一一万県民の願いを込めて、心よりお願い申し上げます。

第5章　原発廃炉の安全を求める検討委員会

原子力発電に反対する福井県民会議事務局長　宮下正一

一　廃炉検討委員会を作ろうとした動機

先輩の皆さんや私たちが反対し続けてきた原子力発電所が、直線距離僅か六〇キロメートルの若狭湾に一五基もつくられてきました。その原発が次々と廃炉となっています。既に半数近くの七基にもなっているのです。いずれ、一五基すべてが廃炉になることは、確実です。

政府や自治体は、「廃炉ビジネス」と言い、廃炉に夢があるように言っていますが、とても信じられません。私たちは、廃炉にはどんな作業が伴い、どのような問題があるのか、どのようにすれば安全性が確保できるのかを学んでいくことにしました。そして、原子力発電所の廃炉においてより安全な方法を関係自治体や政府、電力会社に提言していきたいと考えました。それは、一五基が廃炉に向かう原発集中地の中で生活している者として、自分たち家族や子孫の健康や命を守るためにやらなければならないことだと思っているからです。

二　検討委員会づくり

原子力発電に反対する福井県民会議（以下、県民会議）は、ここ三年間ほど、総会にて原発の廃炉に対する提言を行ないたいと運動方針の中に提起してきました。

なかなか実現することが出来ずにいましたが、二〇一九年の総会以降、具体化を進めました。検討委員会の要綱づくりを行ない、委員の選出と要請を順調に進めることができたからです。

今回の検討委員会は、提言ばかりでなく、その後の提言実現や監視なども考えて進めていきたいと思い、福井を中心として関西圏域の皆さんにお願いすることとしました。また、実際に反対運動などを進めておられる学者の皆さんを対象にしました。

その結果、次の五人の皆さんに電話や直接面談して要請させていただいたのです。

木原壯林　若狭の原発を考える会
末田一秀　核のごみキャンペーン関西、はんげんぱつ新聞編集委員
長沢啓行　若狭ネット資料室室長
山崎隆敏　反原発市民団体活動家
山本雅彦　日本科学者会議
（五十音順）

三　検討委員会の結成

検討委員会結成に向けての事前の会議を、二〇一九年一月一九日に県民会議の常任幹事会と一緒に行なうことから始めました。五人の委員（長沢啓行若狭ネット資料室室長を座長に選出）と県民会議の常任幹事により、委員会の要綱と議論の進め方などについて話し合うことができました。その結果、この検討委員会の名称が「原子力発電所の廃炉問題に関する検討委員会」に決定されました。

検討委員会要綱の中で、この委員会は、原子力発電所の廃炉における問題点を検討し、あるべき姿を県民会議に提言してサポートを行なうことをその役割としました。委員会には、県民会議の常任幹事も参加できます。原則公開とし傍聴を認めました。

四　これまでの議論内容

これまで三回の検討委員会が開催されました。

第一回　四月二三日　敦賀市　商栄会館二階会議室

第二回　六月一五日　敦賀市　プラザ万象第一会議室
第三回　七月九日　敦賀市　プラザ万象第一会議室
委員会開催の後に報告が出されていますので、それを掲載します（〔　〕内は筆者注）。

第一回会合では、廃炉問題を①原子炉建屋の解体撤去問題、②使用済燃料の取扱問題、③廃炉段階の地域経済問題の三つに分けて議論することとし、①について議論した結果、「原子炉建屋は解体撤去せず長期密閉管理するのが望ましい」との見解で一致した。そこで、まず、これに限って提言案を取りまとめることとし、②と③については継続討議し、①に続いて提言案を順次検討することになった。

第二回会合では、①に関する提言案〔座長試案〕が示され、現行法令との関係も含め、残された課題についてさらに議論を深めた結果、「提言一」の座長試案を一部修正して委員会案とすること、一〇〇年後に解体するか墓地方式〔原発の墓のように残して、さらに管理をつづける〕にするかは放射能汚染状況が現状とはかなり異なることから将来の世代に委ねる以外にないことで一致し、理由の各項目の内容についても座長試案で一致した。ただし、項目の順序や整理法については、全体の委員会案がまとまった後に検討することとした。②については、前提として、余剰プルトニウム問題や再処理工場のプール満杯状態のため再処理工場への使用済燃料搬出も再処理も行なえない状況であることを明記すること、乾式キャスク貯蔵施設が原発の運転継続のためのものであることから福井県内・県外のどこにも建てさせないこと、その立地場所や地下立地等の立地形態については脱原発方針が確定した後でなければ議論を進めることも国民的合意を得ることもできないこと、使用済燃料の危険性を強調しこれ以上生み出さないことの重要性を主張すべきことで一致した。③については時間切れで、次回検討継続とした。

第三回会合では、「原子炉建屋の解体撤去問題」に関する福井県民会議への提言案（座長試案を委員会案へ格上げ）に基づき議論を重ねた結果、

①原子炉建屋の解体撤去問題（委員会案）における「提言一」への修正意見があり、「高汚染」を「汚染」に、「原子炉建屋」を「原子炉建屋等施設」に修正することが了承された。理由に「コバルト六〇は一〇〇年経てば一〇〇万分の二程度にまで下がり、被ばく労働は大幅に軽減する」を挿入すること、解体撤去しても敷地内に放射性廃棄物が埋設されたり廃棄物貯蔵庫が残ったりする可能性があり、急いで更地にする意味がない趣旨の記述を挿入すること、その他の文言修正が了承された。

②使用済燃料の取扱問題については、座長試案の「提言二」が了承され、原子力発電環境整備機構（ＮＵＭＯ）のＴＲＵ廃棄物処分では一〇年後から放射能が地上へ到達して被ばく

に至ることを追記すべきとの意見があり、これを含めてＮＵＭＯの報告書について批判を追記することが了承された。さらに、使用済ＭＯＸ燃料に関する記述を分離独立させること、「国民的合意」をはかる際には受益圏と受苦圏の分離など不公平な状況がもたらされることのないよう都市部の人々に反省と熟慮を求める記述を追加すること、その他の文言修正を行うことで委員会案に格上げすることが了承された。

③廃炉段階の地域経済問題については、座長試案の「提言三」の冒頭に、原発の存続を前提とした発想そのものを転換すべきこと、「地域分散型社会」を「地方分権型」、「地域主権型」など、より広義の表現に改めること、文章を分割することなどの意見が出され、その方向で検討することが了承された。ハコモノ行政等による歪んだ自治体財政からの脱却、原発関連産業が本来の地域産業から人材を吸収してその成長を阻害してきた側面と、原発廃炉時代に入って地域産業が戻ってきた人材を吸収する側面があり、両者の関係も考慮しながら脱原発地域社会への脱却を展望していく必要性などが議論され、次回に座長試案その三が示されることになった。

以上より、第四回会合に向けた座長試案（①②は委員会案）を整理し、③を中心に議論した上で、委員会案としての成案化を図り、次のステップへ移ることとした。

五　提言と、その実現に向けて

この委員会が始まったときには、年間三～四回の開催としてきましたが、議論が具体的に始まってから「今年中に提言が出来れば」と変化し、予定を超えて開催が進んでいます。できるなら、二〇一九年中の提言を求めていきたいと思っています。

近年において県民会議は、「もんじゅ」についての提言を二回行なってきました。一回目は原水爆禁止日本国民会議と共に原子力資料情報室に依頼して「『もんじゅ』に関する市民検討委員会」を設置し、提言書を策定しました。提言書は二〇一六年五月九日に、内閣総理大臣をはじめ文部科学省や原子力規制委員会などへ提出しました（全衆議院議員、参議院議員へも配布）。福井県や敦賀市などへは七月に提出しました。そのことが影響したのかは定かではありませんが、同年九月の原子力関係閣僚会議において「もんじゅ」の廃炉が決定しました。

二回目は、二〇一七年三月三〇日に「新もんじゅ市民検討委員会」を設置して廃止措置の課題を検討し、同年一一月六日に福井県と敦賀市に提言書を手渡しました。これらの提言は、的確な時期に行なわれましたので、有効な提言だったと思います。しかし、福井県民や原発立地自治体の住民にとっては新聞報道でしか知ることができませんでした。

原子力発電所の廃炉については、数えきれない世代を超えて安全性を確保しなければならないものです。それなのに、原発が立地する地域に暮らす住民をはじめ福井県民に、原発の廃炉がどのように行なわれ、安全性がどのように確保されているのかを全く知らされていないのです。

言わば「三〇年後には原発が完全になくなり、原発による危機から解放される」、その間「廃炉ビジネスにより、地域が潤う」としか知らされていないのです。

今回の廃炉検討委員会の運動は、

(1) 可能と思われる安全な廃炉について科学的に検証し、より安全な廃炉を提言して実現を目指す。

(2) 提言をまとめるにあたって原発立地自治体の住民の皆さんとの公聴会（仮称）などを開催していきたい。

(3) 福井県民の皆さんに原発の廃炉の実態を知ってもらうと同時に、より安全な廃炉を求めた県民運動にしていきたい。

(4) 廃炉の実態を監視し、問題を指摘・改善させる「廃炉監視委員会」（仮称）などのような組織づくりの基礎にしたい。

と事務局としては思っています。
いずれにしてもはじめてのことですから、一歩一歩地に足をつけた運動を目指します。

第6章　急速に拡大するエネルギーの地産地消と地域電力

脱原発ネットワーク・九州　深江　守

二〇一六年四月に電力小売りの全面自由化がスタートして以来、様々な業界から新電力への参入が相次いでいます。一六年四月時点での参入は三〇〇社足らずでしたが、一八年一二月には五九三社まで拡大（経済産業省資料）し、全販売電力量に占める新電力の割合も約一四・一％となっています（一八年九月時点）。その中でも、自治体が出資する地域電力や地元企業だけで構成された地域電力が、エネルギーの地産地消と電力収入による地域活性化を目指し拡大を続けています。自由化開始時点では一〇社程度でしたが、現在、三〇社ほどになっています。

公共施設や事業者を対象とした電力販売を行なっているのが、（株）やまがた新電力、東京エコサービス（株）、（株）北九州パワーなどです。自治体が保有する廃棄物発電や太陽光、風力、バイオマスなどをベースに電力の供給を行なっています。また、政令指定都市では初となる自治体出資の再生可能エネルギーによる地域新電力として一般家庭も含め電力供給を開始したのが、（株）浜松新電力です。電力の地産地消一〇〇％をうたっています。

自由化当初から一般家庭を含めた電力販売を行なっている地域密着型の自治体電力が、みやまスマートエネルギー（株）、一般財団法人泉佐野電力、（株）中之条パワー、（株）とっとり市民電力、ローカルエナジー（株）、ひおき地域エネルギー（株）などです。

また、エネルギーの地産地消というわけではありませんが、一九年二月には横浜市が東北一二市町村との間で電力供給の連携協定を結びました。青森県横浜町や岩手県久慈市、福島県郡山市など一二市町村で発電した再生可能エネルギー電力を横浜市で消費することで、地方の活力を創出するという「地域循環共生圏」構築をめざす取り組みです。こうした自治体間の連携は今後ますます増えていくでしょう。

こうした動きを紹介しながら、原発のない明るい未来を少しのぞいてみたいと思います。

地元企業七三社が立ち上げた、やめエネルギー株式会社（福岡県）

自治体電力の草分けとして華々しく登場した「みやまスマートエネルギー（株）」のみやま市のおとなりが福岡県八女市、人口六万五〇〇〇人弱の町です。八女茶と岩戸山古墳でお馴染みでしょうか。この八女市に二〇一七年一月、地元の民間企業七三社が出資する地域電力「やめエネルギー（株）」が設立され、同年五月から電力小売り事業を開始しました。設立の中心となったのは太陽光発電施設の施工会社ですが、それをサポートするように地元の企業が資本を出し合い応援しています。住民から見れば、まさに地元の電力会社という親しみが湧いてくるかもしれません。地域密着の地域電力に共通するのは、「地元を何とかしたい」という強い思いです。少子高齢化で衰退していくわが町を何とか元気にしたい、そのためのツールが地域電力というわけです。

みやま市の場合も、「九州電力に支払っている年間約二〇億円の電気代」を取り戻し、地域で循環させる方策として、みやま市が五五％を出資する自治体電力「みやまスマートエネルギー（株）」が誕生しました。

「やめエネルギー（株）」は自治体電力ではありませんが、地域支援サービスの第一弾として「やめのでんき〝子育て応援プラン〟」というサービスを行なっています。八女地域では、三歳以下の子どものいる家庭はおよそ二〇〇〇世帯ですが、申し込みに加入上限を設けることなく、三歳以下の子どものいるすべての世帯を対象にしたものです。料金メニューは、「やめのでんき」の場合、九州電力の同等のメニューに比べて三～五％程度安く設定されていますが、子育て応援プランは、さらに基本料金を五％割引きます。反響は大きく、市民に歓迎されていることがうかがえます。行政もこうした取り組みを歓迎しており、「やめエネルギー」では今後、保育所や幼稚園などの教育施設に対する新たなサービスも検討しているところです。

みやまスマートエネルギー（株）が債務超過に

「みやまスマートエネルギー（株）」は、二〇一六年度一七〇〇万円、一七年度一八〇〇万円の赤字を出しました。一八年度は一〇六万円の黒字でしたが、累積三四〇〇万円の赤字です。電力事業だけ見れば初年度を除いて黒字ですが、地域還元事業として取り組んでいる地域支援サービス事業や、特産品の販売も兼ねたレストラン「さくらテラス」の運営が足を引っ張っているようです。六〇人近い従業員の多さも疑問符のつくところです。

自治体電力の草分けとして華々しく登場しましたが、理想と現実のあいだに少し無理があった気がします。初めから一〇〇%をめざすのではなく、まずは、電力供給事業にしっかり取り組み経営基盤を安定させ、その後、ゆっくりと市民サービス等を充実させていけばよいのではと思います。「みやまスマートエネルギー」に電気を供給してもらっている筆者としては、少し気になるところですが、応援しています。

林業を再生させたい！　(株)グリーン発電大分（大分県）

二〇一三年一一月、山林の未利用材を燃料として活用するバイオマス発電施設「グリーン発電大分天瀬(あまがせ)発電所」（五七〇〇キロワット）が大分県日田市天瀬町に完成しました。未利用材専焼の発電施設としては「グリーン発電会津」に次いで全国二例目となります。総事業費は約二一億円で、県から約八億円の補助を受け、年間売り上げ目標は一〇億円。稼働から六年目に入り、年間三四〇日以上の安定稼働を続けています。

日田の森林は原木が豊富な一方、放置された間伐材も多い。これを木質チップ燃料としてバイオマス発電で有効利用することで、森林再生に貢献したいと一〇年一二月、「(株)グリーン発電大分」が設立されました。設立に先立つ〇七年一一月には、森林組合、素材業者、運搬業者の一八社で構成される「日田木質資源有効利用協議会」が立ち上がり、集荷計画、供給協定、原材料の確保などの搬出体制が構築されています(同協議会には一七年現在三一社が参加)。同協議会から原料(間伐材、林地残材等)を購入し、一日二〇〇トンを原料として発電を行ないます。

間伐材の収集からチップ化、燃料の乾燥までを手掛けるのがグリーン発電大分のグループ会社「日本フォレスト」、グリーン発電大分がつくった電力を売電するのが一六年一月に設立されたグループ会社「日田グリーン電力」です。

不純物の含まれている建築廃材を使わないことで、燃料を燃やした後の灰を肥料として販売することも可能。焼却灰を活用した水質浄化剤「メダカ君」も開発しています。また、発電に伴って生じる温排水(約三五℃)を利用した農業支援も検討され、プラントの敷地の一部を地元の農家の方に無償で提供。

一六年秋には四連棟の栽培ハウスと育苗ハウス二棟が完成し、イチゴ栽培もスタートしています。温排水は一日一円と実質無料で提供され、ハウス内のパイプを流れ、使用済み温排水は発電所に戻る仕組みになっています。木質バイオマス発電では初となる温排水ハウスの結実です。

一六年七月、日田市から「農山漁村再生可能エネルギー法」の認定を受けたことで、出力制御上の優遇措置が受けられるようになりました。モリショウグループ（グリーン発電大分、日本フォレスト、日田グリーン電力）の森山和浩社長は、「そもそも、地域の林業をいかに再生させるか、その延長線上のアイテムとして設立したのがグリーン発電大分です。発電が不安定になれば、燃料を供給してくれる林業家にとって安定的な林業経営に

積み上げられた間伐材の山

つながらない。天瀬発電所に持っていけばいつでも買ってくれる、という仕組みをつくるためには、発電所を止めるわけにはいかない。そのためにも認定を受けました」と、認定を受けた理由を語っています。

今後の課題は、早生樹の開発だそうです。おおいた早生樹研究会を立ち上げ、日田市で実証を開始しました。

通常、林業は植樹して四〇年、五〇年という時間が必要です。植樹して一〇年程度で伐採できる早生樹が栽培可能になれば、林業の姿が大きく変わる可能性があります。大きな可能性を秘めた事業が進展中です。

「ゼロカーボンヨコハマ」の実現をめざす横浜市（神奈川県）

横浜市は二〇一八年に改定した横浜市地球温暖化対策実行計画で、五〇年をめどに温室効果ガスの排出量を実質ゼロにする「ゼロカーボンヨコハマ」を掲げました。この目標を実現するには、再生可能エネルギーを活用するしかないのですが、横浜市にはそれを大規模に開発する場所がありません。そこで採用されたのが他の自治体との連携です。

横浜市は一九年二月、再生可能エネルギーの普及に力を入れる青森、岩手、福島各県の一二市町村と連携協定を結びました。

一二市町村とは青森県横浜町、岩手県久慈市、二戸市、葛巻町、普代村、軽米町、野田村、九戸村、洋野町、一戸町、福島県の会津若松市、郡山市であり、それぞれ個別に横浜市と連携することになります。

横浜市の年間消費電力は約一六〇億キロワット時と莫大ですが、環境省のデータから横浜市が推計したところ、これら一二市町村の潜在的な再生可能エネルギーの総発電量は約七五〇億キロワット時に達します。横浜市の消費電力の四倍以上に当たる量です。

今後、横浜市では販売体制を構築するなどし、市民や市内の企業が二酸化炭素を排出しないエネルギーを手軽に利用できるようにする準備を進めます。最大の壁となるのが送電網の拡充ですが、各市町村は足並みをそろえて国に要望することにしています。

こうした地方の豊富な資源を生かし、自立・分散型の社会を形成しつつ、近隣地域と地域資源を補完し合うことで、地方も経済が循環し活性化させるというのが「地域循環共生圏」という考え方です。経済産業省と環境省は一九年四月、地域循環共生圏の形成と分散型エネルギーシステムの構築に向け、新たな連携チームを発足させました。

明るい未来が見えそうです。

下北半島の風力発電の電気が横浜市へ

協定を結んだ青森県横浜町では二〇一九年四月、企業による風車一二基（合計四万三二〇〇キロワット）の建設が始まります。二年後に完成すると、現在ある二二基（一四基・合計三万二二キロワットは町営の発電事業）と合わせ、町内二〇〇〇世帯の二〇倍に当たる四万世帯分の電力を供給できるようになります。

最も早く横浜市へ電力供給が計画されているのが、この横浜町の町営風力発電所からの電力です。横浜町営の風力は現在、新電力に売電しています。横浜市内の企業や住宅がこの新電力からの再生エネに切り替えれば、すぐにでも実現できる体制は整っているわけです。

本書が出版される頃には、下北半島で生まれた電気が横浜市に流れているかもしれません。もう一つ紹介します。

「エネルギー自給率一〇〇%」のまちづくりをめざす葛巻町（岩手県）

岩手県の東北部に位置する人口七一二〇人、酪農と林業の町である葛巻町。やはり、横浜市と協定を結んだ町の一つです。

町が持っている多面的機能を最大限に活かし、二一世紀の課題である「食糧・環境・エネルギー」の問題に貢献するため、基幹産業である酪農と林業の振興を図るとともに、風力発電や太陽光発電、バイオマスエネルギーの利活用を積極的に推進。また、町民や事業者、行政が一体となり省エネルギーに取り組むことにより、「エネルギー自給率一〇〇%」のまちづくりをめざしています。発電施設は風力発電、木質バイオマス発電、畜ふんバイオガスプラント、太陽光発電などです。

乳牛一万頭を誇る「東北一の酪農郷」である葛巻町では、日量四〇〇トン以上もの家畜排泄物が発生しています。この家畜排泄物の適正な管理と畜産活動から発生する温室効果ガス「メタン」の抑制を目的として、くずまき高原牧場内に「畜ふんバイオマスプラント」を導入しました。一日に畜ふん一三トン、家庭生ごみ一トンを処理するこのシステムにより、エネルギー（電気三七キロワット・熱量四万三〇〇〇キロカロリー）と良質な肥料を生産し、理想的な循環サイクルが完成しています。

風力発電は二箇所の牧場で、合計一五基（二万二二〇〇キロワット）が稼働しています。両地点ともに標高一〇〇〇メートル超の山間高冷地で稼働していますが、こうした山間高冷地での風力発電の施工・運転を可能にしたのが、昭和五〇年代に行なわれた大規模牧場開発事業「北上山系開発事業」だそうです。酪農の基盤強化を目的としたこの事業により、町内の一〇〇〇メートル超の三地点約一一〇〇ヘクタールが牧草地にうまれ変わり、それらを結ぶ総延長七五キロメートルの大規模林道、さらに、牧場を監視する監視舎に送電線が引かれました。山岳部での風力発電を可能にするためのインフラが牧場開発により既に整備されていたわけです。

また、町の面積四三四・九九平方メートルの八六％が森林である葛巻町では、年間八五〇〇立方メートルもの間伐材が発生しています。しかし、そのうち利用されているのは二割強しかなく、八割の間伐材は山林に放置されている状況でした。この間伐材の有効利用を目的として、ガス化発電による熱電併給システムの実証試験が葛巻町をフィールドに行なわれました。木質バイオマス発電（電気出力一二〇キロワット）と木質ペレット（熱量二六六キロカロリー）の利用促進が図られました。発電の方は現在行なわれていないとのことですが、木質ペレットの方は、町内四施設で稼働しているペレットボイラーの燃料の全量を町内でまかなっており、さらに、家庭への薪ストーブやペレットストーブの普及は進んでいます。

こうしてエネルギー自給率一〇〇％のまちづくりが実現しています。まさに、原発のない未来はそこまで来ています。

第7章　世界で加速するエネルギー転換

自然エネルギー財団　大林ミカ

今、世界は、大きな変容期を迎えています。加速するエネルギーの転換が、世界の地政学すら変えようとしています。

その主力となっているのは、自然エネルギー電源の爆発的な拡大です。少し前まで、自然エネルギーといえば、米国や欧州など、一部先進国で拡大している印象がありました。しかし、今は、むしろ今後の温室効果ガス削減の鍵を握る主要途上国で、急速に拡大が進んでいます。

太陽光や風力の設備容量は、原発の設備容量四〇〇GW（ギガワット＝一〇〇〇kW）を上回り、一一〇〇GWを超え、さらに大きく伸び続けています。

世界全体の太陽光の設備容量は、二〇〇一年から一八年末で三三〇倍に増えて五〇〇GWを超え、そのトップを走るのが中国です。風力は一八年末ですでに約六〇〇GWとなり、ここでも中国がトップです。

しかし中国以外でも、インド、チリやブラジルやペルーなどの中南米、モロッコ、エジプト、南アフリカなどアフリカ諸国で、次々に導入されています。デンマークやイギリスなど、欧州を中心に価格が下がってきた洋上風力は、今度は、中国や台湾やベトナムで拡がりつつあります。日本も「洋上風力新法」が国会で通過し、今後の拡大に大きな期待が寄せられています。

止まらない自然エネルギーのコスト低下

こうした動きを支えているのは、自然エネルギーが、すでに、世界の多くの地域や国々で、あらゆるエネルギーの中で最も安い電源となっている、という事実です。

均等化発電原価（ＬＣＯＥ）は、一kWhを発電するのにいくらかかるのかを算出する方法です。発電設備の建設にかかる設備費、工事費、部材費などの初期コストと、運転維持にかかる人件費や修繕費などのランニングコスト、設備の廃棄にかかるコストなどのすべてを合計し、その発電設備が運転を開始してから廃棄されるまでに発電する生涯発電量で割って算出します。

日照や風況による発電電力量、土地や労働力のコストなど、地域的な差も生じますが、基本的な電源のコストパフォーマンスがわかりますし、一つ一つのプロジェクトベースを総合して平均値を出すことで、その電源全体のコスト傾向が把握できます。

国際再生可能エネルギー機関が出している報告書によれば、二〇一〇年以降、太陽光発電の平均発電コストは七割下がり、風力は二割下がりました。太陽光も風力も二〇年までにどの化石燃料に比べても最も安くなると言われています。原発よりも遥かに安い電源となるのです。世界を見渡すと、すでに、ベストパフォーマンスのプロジェクトでは、一～二円台／kWhで落札する事例が多数出てきています。一九年九月にロサンゼルスで落札した四〇〇MW（メガワット＝一〇〇〇kW）の太陽光と一二〇〇MWhのバッテリーを組み合わせたプロジェクトは、二セント／kWh以下という驚異的な価格でした。

そして、自然エネルギーのコストが高いといわれている日本でも、二〇年代の始めには、新設電源の中で太陽光や風力が一番安くなると予測されています。これまで高いといわれていた洋上風力や集光型太陽熱発電も、それぞれ、五～六セント／kWh、七・四セント／kWhと、価格が下落しています。

また、一般的に自然エネルギーは、発電時に燃料を必要としないため、市場取引の中ではもっとも発電コストの安い「ゼロコスト発電（短期的限界費用ゼロの発電）」とみなされます。特定の電源を保護しなくてはならない事情がある場合以外、発電コストの安い発電所から順番（メリットオーダー順）に発電し、先に取引されていくことが経済的です。追加コストがゼロである以上、すでに存在する発電設備を使わないことは、社会全体から見てもムダだからです。

こうして、欧米などの電力市場が成熟している国では、自由競争にもとづき、自然エネルギーが一番先に市場で売られていきます。

自然エネルギーの主力電源化がもたらす新しい経済と社会

最も重要なのは、発電事業者側のＬＣＯＥ発電コストも安くなり、また、市場でも限界費用ゼロとして一番先に取引される自然エネルギーが拡大していくにつれ、現在の経済システム、ひいては、世界の地政学すら変える原動力になっていく兆しがあるということです。

これまで、化石燃料は、過去二世紀にわたって、世界のエネルギー利用や経済成長の基礎となり、ライフスタイルを形作りました。資源の偏在性が、世界の安全保障に大きな影響を与え、国の政治力学の基盤となってきました。「太陽を巡る争いはない」という言葉があります。自然エネルギーの利用が拡大すれば、豊富な資源を背景に国際社会への影響力を行使してきた国々も次第に発言力を失い、化石燃料資源を巡る数多の紛争も減っていくことでしょう。

こうした変化は、これまで化石燃料やウランという資源が少なく、海外輸入に依存してきた国に、地政学的な変化をもたらします。

いうまでもなく日本はそういった国の筆頭ですが、また一方で、先進工業国の中でもめずらしく自然エネルギー資源が豊富な国でもあるのです。つまり、自然エネルギーの拡大に成功すれば、これまで資源小国といわれてきた日本が、世界でも有数の「資源大国」になれる可能性が出てきます。

エネルギー利用の形も変わります。太陽光や風力など、天候によって変化する変動型の自然エネルギーの電力市場への大量導入は、情報技術（ＩＴ）の発展に支えられ、またその技術発展を促進します。

必然的に分散型エネルギーである自然エネルギーは、地域レベル、市民レベルでの活用が盛んとなります。わたしたちの生活スタイルも変わるでしょう。蓄電池の性能の向上と低コスト化は、太陽光発電とバッテリーで自給する電化された住宅の標準化や、需要側管理や、電気自動車、自動運転の発展を促します。こうした技術変化は、破壊的イノベーションといわれ、後戻りできず、既存のシステムを新しいものへと転換していきます。インターネットやｉＰｈｏｎｅが登場したときと同じように、これまでの技術や製品を駆逐し、新しいルールや産業を作り上げていくのです。

気候変動から気候危機へ

こうした流れの中、多くの国々が、自然エネルギーが主力電源となり、一〇〇％の電力を担う脱炭素の社会に向けて準備を始めています。欧州や中国での急速な電気自動車の普及や、蓄電池などを活用したバーチャルパワープラントの普及拡大は一例です。

前述のように、技術革新とコスト低下が、自然エネルギー主力電源化の流れを加速していますが、これをできるだけ早く進めなくてはならない、もう一つ大きな背景があります。地球温暖化の危機が、世界中に目に見える形で拡がり、これまでのように化石燃料を燃やし続けられないことが明白になってきたことです。

二〇一八年夏、日本列島は記録的な猛暑に見舞われました。六月から九月の熱中症による死亡者は一五〇〇人以上となりました。七月の西日本豪雨では、二二五〇名以上の方々が亡くなっています。一九年に入っても、北海道で史上初の五月の猛暑日を記録し、九月の北部九州への豪雨被害や台風一五号による関東地区の被害など、猛暑と自然災害が続いています。

地球温暖化は、ある地域では暑くなるがその隣の地域は冷夏となったり、突然の豪雨や台風が頻発するが、ある地域では干ばつが続くなど、気候全体の不安定性をもたらすものです。こういった事例は日本だけではありません。シベリアやアラスカなどの北極圏で三〇℃以上の暑さとなったり、パリで四五℃を記録したり、気候の異常が世界規模で進んでいます。バハマに甚大な被害をもたらした大型ハリケーン「ドリアン」も温暖化によって規模が拡大したといわれています。

こうした状況から、世界の科学者の集まりである「気候変動政府間パネル（ＩＰＣＣ）」は、産業革命以降の地球の気温上昇を二℃未満にすると各国が約束した二〇一五年の「パリ協定」をさらに進める報告書をとりまとめました。その報告書の中で、ＩＰＣＣは、気候危機の影響を最小にするためには、気温上昇は一・五℃未満に止めなくてはならないとしています。そして、三〇年に電力の五〇～六〇％を自然エネルギーにすることが必要、というシナリオを発表しています。

緊急性を訴える議論に呼応して、各国が、先送りしない、高い自然エネルギーの目標を掲げ始めています（表1）。

ドイツは二〇三〇年に自然エネルギーで電力の六五％、五〇年には少なくとも八〇％以上を目指しています。他の国々とつながる連系線があまりないので「欧州の陸の孤島」とよばれるスペインは、三〇年には七四％、そして五〇年に一〇〇％（前頁表1）など、大きな目標を掲げています。中国は国としての目標は定めていませんが、このままの状況でも自然エネルギー電力は三〇年に六〇％に達し、もっと野心的な見通しでは七二％になると見られています。米国も連邦政府としての目標値はありませんが、州政府が意欲的な目標値を掲げており、カリフォルニアが三〇年に五〇％、ハワイが四〇年に七〇％、そして両州とも四五年には一〇〇％の目標を持っています。

表1　エネルギー転換：各国の目標

国・地域	自然エネルギー電力目標 2020-2030	（2050はシミュレーション） 2050	中期の削減目標（1990年比）	2050の削減目標（1990年比）	石炭数値
ドイツ	2030年までに65% 2018年の閣内合意	少なくとも80%	2035年に55%削減	少なくとも80-95%削減	2038年ゼロ
英国	2030年までに30%		2032年に55%削減	少なくとも80%削減	2025年ゼロ
フランス	2030年までに40%		2030年に40%削減	75%削減	2022年ゼロ
スペイン	2030年までに74%	100%	2030年に20%削減	100%削減	2030年ゼロ
EU	2030年までに50-60%（最終エネルギー消費の32%）	少なくとも80-97%	2030年に40%削減	80-95%削減	
米国	加州：2030年までに50% ハワイ：2040年までに70%	加州・ハワイ 2045年に100%	国として26-28%（2005比）	国として少なくとも80%削減（2005比）	国予測 10-33% 火力全体で
日本	2030年に22-24%		18%削減／25.4%削減（90比/05比）	少なくとも80%削減（基準面不明）	2030年26% 火力全体で55%

各国の政策より自然絵寝る儀財団作成

日本でも進む自然エネルギーの拡大

一方で、日本政府の自然エネルギー目標は、二〇三〇年に二二〜二四%という大変低いものです。太陽光や洋上風力など、もうすでにこの目標を超えたものや、超えることが明らかなものもあります。

日本では、一一年の東京電力福島第一原子力発電所事故の後、さまざまな議論を経て、一二年七月に、自然エネルギーを促進するための「固定価格買取制度」が導入されました。これによって自然エネルギー電力の拡大が一気に進み、特に太陽光発電は、一一年に約五GWの設備容量だったものが、一八年には五五GWと急増しました。世界全体の九分の一が導入されています。それまでの日本の太陽光は、ほとんどが個人宅の屋根置きソーラー(ルーフトップ・ソーラー)でしたが、「固定価格買取制度」によって、設備として比較的大きな規模の太陽光発電からの売電による事業も可能となり、一気に拡大しました。

他方、日本の風力発電の導入量は未だ四GW未満で、太陽光導入量の一五分の一程度にとどまり、国際的にも大きく立ち後れています。これには、いくつかの要因があり、一つには、一九九〇年代半ば、日本で初めて商業用風力発電が開始された当時、系統への高い接続費用を要求されたり、系統接続のための小さな容量枠を競う入札やくじ引きが実施されたり、安定した事業運営が見込めず、日本の風力発電事業者や産業は拡大できないまま時間が経った、という事情があります。こうした大手垂直統合型電力事業者との送電線をめぐる確執は、以前は海外でも見られましたが、諸外国では、電力システム改革の実施により、発送電分離や小売部門の自由化が導入され、透明性を持った市場整備が確立し、前述のメリットオーダーによる市場取引など、次第に公正な競争が実施されるようになってきたのです。

また、二つ目には、電力会社に自然エネルギーの導入量を固定して義務づけるRPS（再生可能エネルギー利用割合基準）の実施、建築基準法の強化、設置補助金の停止、固定価格買取制度の導入後すぐに厳しい環境影響評価が適用されるなど、ランダムに導入される政策への対応が次々に必要になり、事業環境が安定しなかったことも要因です。また、風況の良い場所は需要があまり集中しないところが多く、そういった場所で夜に発電することの多い風力は、夜間電力を発電する原子力との競合も指摘できるでしょう。

一方、太陽光が拡がったのは、風力に比べて土地や系統制約が少なく、また計画から運転開始までに要する時間も短くてすむという好条件の他に、昼間の電力ピークに発電することや、一つ一つの規模が小さいので、大手電力事業者に「脅威を与えなかった」ことが背景にあると思われます。

日本の自然エネルギー主力電源化に向けて

二〇一〇年には大型水力を入れて九％程度だった日本の自然エネルギーは急速に伸び、一八年には一七～一八％に達しました。大型水力の割合は同じなので、八～九％は、太陽光を中心とした自然エネルギーが拡大した部分です。

そして、これら自然エネルギーは、今ではすでに特定の電力エリアでは一〇〇％以上を賄う日も登場するほど力を増しています（図1）。東北や中部など比較的需要の多いエリアでも八割七割を賄う日が出ていますし（一八年：東北五月二〇日一一時、中部五月五日一一時）、日本全体でも、すでに六割以上を自然エネルギーで賄う日が出ています（一八年五月五日正午）。

こうした高い導入量を通年で実現することが必要です。自然エネルギー発電には、エリア毎に特色があることから（例えば、九州は太陽光、風力、地熱、四国は太陽光や風力、北海道・東北は風力や地熱、など）、資源に応じてまんべんなく利用する体制を整えなくてはなりません。そのためには、現在、エリア毎に分かれて管理をしている電力エリアを統合して、電力運用を進めていくことが必要です。市場統合と送電網の一体的な運用が必要なのです。

図１　各電力エリアの１時間値における自然エネルギー最大割合と時刻

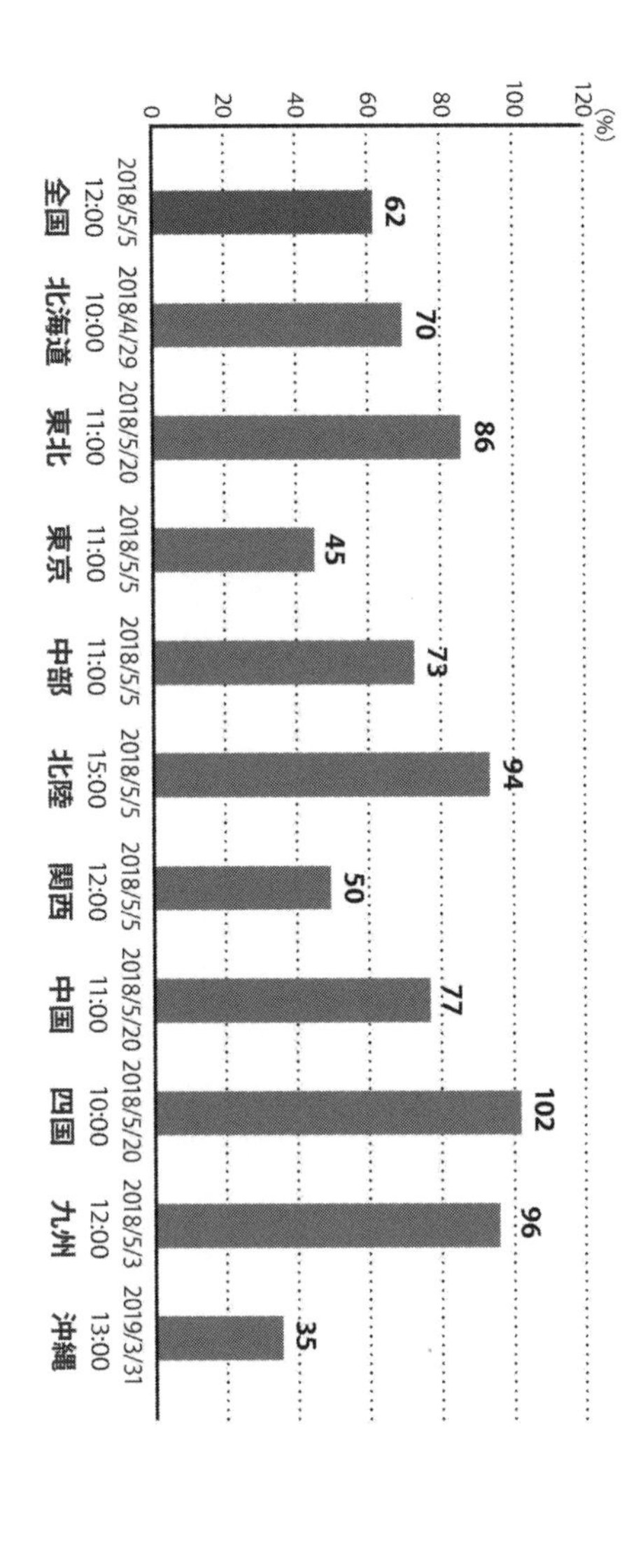

Source:「アジア国際送電網研究会 第三次報告書」自然エネルギー財団、2019

1　連系線・系統の柔軟かつ広域的運用

今まで、地域間の連系線は、先着順で抑えられていて空いていても利用できませんでしたが、二〇一八年一〇月から、空いている送電容量をオークションにかけて必要に応じて使う方法が導入されました。また、地域内系統についても、これまでは計算上一瞬でも混雑する可能性があれば、一年中混雑しているとして自然エネルギーの接続ができなかったのですが、一九年に入ってから一部の電力エリアでは、混雑した時だけ調整（出力抑制など）を行い、実際に空いている一年の大部分は効率的に利用するという柔軟な方法が導入され始めています。

まずはこうした運用を行う事で、自然エネルギーをより多く系統につなぎ、広域で効率的に利用していくことが可能になります。

自然エネルギー発電自らも市場に調整力を提供することで、調整力への対価を得ることや、より系統に統合されていくことができます。

筆者の所属する団体が、ベルギーの送電事業者と行った共同研究では、現在の日本の送電線のままでも、こうした運用方法を実施することで、三〇年に変動型自然エネルギー三〇％、自然エネルギー全体で四〇％の導入が十分可能、という結果が出ています。

２　送電網の整備と確実な発送電分離の実施

さらなる拡大導入を実現するためには、当然、北海道と本州、九州と本州・四国、西日本と東日本の連系強化や、地域内系統の強化も必要です。また、欧米では増強がどんどん進む「国際連系線」を、日本と隣国の間で構築していくことも、合理的で現実的な方策でしょう。

まずは、こういった市場の統合、送電線の運用や増強を実施することが自然エネルギーを主力電源化していくために不可欠です。そうした上で、豊富な自然エネルギー電力のための蓄電池や、自然エネルギーから水素を作るといった方法の導入を検討することが必要です。

二〇二〇年の四月に、日本の大手電力会社は、すべて発送電分離を行うことになっています（東京電力のみすでに実施しています）。発電事業と送電事業が切り離されるので、送電事業者は、独立して、どの電源に対しても差別的でない運用をすることが求められるようになります。はたして支配的事業者が市場運営に影響をおよぼしていないか、公正な市場運営がなされているのか、継続してチェックしていく必要があります。

３　自然エネルギー事業環境の整備によるコスト削減

二〇一九年時点で日本の自然エネルギーコストは、まだ、太陽光がドイツの二倍、米国の三～四倍、陸上風力がドイツの三倍、米国の四倍のです。コストを下げるためには、計画的に継続して投資と公正な競争ができる環境が必要です。そうすることで、事業規模や参加企業も厚みを増し、技術革新のための下支えが可能となります。そのために欠かせないのは、国が自然エネルギーの推進を継続して行うという長期的な政策枠組を示すことです。例えば、日本の現在の中期目標である三〇年に二二～二四％の自然エネルギー導入は、もうここ一、二年で達成されてしまう数値で、その後、日本政府が自然エネルギーを引き続き拡大する意思があるのかどうか、分かりません。長期的に安心して事業を続けることができるように、野心的な目標値を掲げる必要があります。

自然エネルギーを主力電源化していくことは、化石燃料やウランを基盤とした社会から脱し、エネルギーコストを下げ、安全保障を高め、気候危機を回避し、災害に強い、豊かで持続可能な経済を築いていくことです。日本の自然エネルギー資源も技術も資金も、他国に比べて大きな可能性に満ちています。

日本の豊かな可能性を活かし、世界で進むエネルギー転換を、早急に日本でも実現していくことが重要です。

第8章 「極私的脱原発」考

九電消費者株主の会　木村京子

その1　被爆者

原発について関心を持ったのは、一九七四年の、原発労働者の岩佐嘉寿幸さんの提訴を知った時だと思う。「被曝すること」が「労働」となるということを知った衝撃。

被爆二世という言葉にあまりリアリティを感じないまま、長崎で暮らした。大人たちは何度も、問わず語りに原爆の話をする。納得などできるはずはないのに、何かを確かめるように。私は聞く、淡々と。良い聞き手にはなれなかったけど、話の中の出来事は具体的な形で私の「記憶」になる。

そのころ、小学校校庭で納涼がてらの野外映画上映が行なわれたが、三益愛子の「母もの」映画と併映された、黒々とした場面が続くドキュメンタリー映画の『生きていて良かった』（一九五五年の第一回原水爆禁止世界大会で被爆者救援のため企画、五六年、亀井文夫監督による五六分のドキュメンタリー。第一部「死ぬことは苦しい」、第二部「生きることも苦しい」、第三部「でも生きていてよかった」で構成）。

これが、私にとっての「被爆者の実像」となった。[注1]

「祈りの長崎」という言葉は、とても居心地が悪い。が、その後、『（平和と反原爆をめざす市民の広場）季刊　長崎の証言』（一九六八〜　長崎の証言の会発行）という証言記録集と出会った。

その「第三号」（一九七九年五月一二日発行）では、「戦争・原爆と女たちの証言」や作家・井上光晴のインタビュー「差別・天皇制・原爆」が掲載され、「中国や朝鮮半島での敗戦時に初めて知った『加害責任』」（女性引揚者）や、「体験に終わらない、『原爆の思想化』を」（井上光晴氏）という発言が熱を帯びている。井上氏は言う、「原子爆弾が投下され、どうしようもない傷跡を作って、そのことが思想的にも感覚的にも人間的にも、最後まで絶対に忘れるべきものではないということ、その責任を徹底的に追求していくということ、それから今度はまた、傷を受けた人たちは徹底的に傷をいやしていくということそれが、本来われわれ人間のやるべき当たり前のことだ、と思うんです[注2]」。

今、福島事故に向き合う「思想」の原型がここにあると思う。

この号には、多角的な記事が多い中、「反核意識の変容と再構築―「むつ」問題をめぐる混迷と証言運動の課題」（鎌田貞夫／長崎平和文化研究所）という論文では、「原子力発電所や原子力船の母港化」についてのアンケート（一九七七年、中三父母対象）も紹介している。「原子力発電所や『原子力船むつ』問題には不安を感じる」が四四・四％、「事故の危険や環境汚染に不安がある」五三・一％としながらも、「石油代替ネルギーとしての期待がある」六四・八％という矛盾も顕著。一九七三年から七四年の第一次オイルショック時の政府・業界キャンペーンが反映した可能性がうかがえる。

論文末には「アメリカ原発事故にさいしての緊急声明―むつ撤去と玄海原発等の全面的再検討を要求する」が紹介されている。

また、狭い長崎の町の被爆者差別、行政の不作為、アメリカの原爆投下に対する、一歩も引かない重い抗議を貫き、反原爆を語ることを自分の闘いとした詩人で、『われなお生きてあり』（筑摩書房、一九六八年、のちに田村俊子賞）を書いた福田須磨子さんがいた。

彼女は平和祈念像のまやかしさえ許さなかった。死後、一九七五年に建てられた詩碑はその五年後、何者かによって破壊された。修復された碑の前で、誰いうともなく、折からの「スリーマイル島原発事故」は、「『原子力船むつ』の長崎寄港や詩碑破壊への須磨子の復讐」という人もいたらしい（上記、季刊『長崎の証言』三号より）。須磨子さんは「被爆者」を生むものは絶対に許さない人だと思うが。

政治に引き裂かれた核廃絶の動きの中で、原発も含めすべての核被害者の支援活動を続ける「長崎県被爆者手帳友の会」という団体もある。

代表は、原発に反対する「全九電同友会」の顧問でもある井原東洋一さん（二〇一九年七月三〇日逝去）だった。

その２　市民科学研究者・藤田光先生

藤田光先生という敬愛する「市民科学研究者」がいた。

出会ったのは、高校一年の時。背が高く鶴のように痩せた高校の地学教師。あだ名は「ジオイド」。先生の授業の最初のテーマは、必ずこれ。地球の平均海面を陸地にも延長して作った曲面のことをいい、これを基準に標高をきめるらしい。なるほど。

卒業して三一年後、一九九七年九月に、突然はがきをいただいた。新聞で伊藤ルイさん（市民運動家／アナーキスト大杉栄・伊藤野枝の遺児）の追悼集が出たことを知り、購入して、寄稿者の中に私の名前を見つけたという、「人違いでなければ」という控えめな文面から新たな交流が始まった。

以降、毎年三月、一冊ずつ、Ａ５サイズのパンフレットが届く。折々のはがきや手紙も。
①　一九九六年韓国平和の旅　覚え書き（一九九七年）
四〇ページの論文の半分は長崎・広島の朝鮮人被爆者の概況や在韓被爆者の生活状況をまとめている。史料は在日朝鮮人の公安調査庁編の資料なども含め丁寧に拾っている。

② 原子力発電の諸問題（その一）―特に放射線被曝に伴う健康被害を中心として（一九九八年）
人形峠の地質調査、世界の原発、原発労働者の被曝、核燃料サイクルの現場―六ヶ所、幌延など

④ 一九九八年　中国・華中への旅―細菌戦と南京アトロシティーズをめぐる断章（一九九九年）
細菌戦―栄1644部隊とその現場、現地聞き取り調査の紹介、捕虜の集団虐殺など

③ 原子力発電の諸問題（その二）六ヶ所村の核燃サイクル基地をめぐって（二〇〇〇年）
縄文文化の地―六ヶ所、施設の概要、地質学的観点、自治体との関係、電源特会の仕組みなど。六ヶ所訪問のために、青森の伊藤和子さんご夫妻や島田恵さんをご紹介できた。もちろん原燃にも案内をさせたらしい。

④ 原子力発電の諸問題（その三）―立地基盤の地質・構造と震災のあいだ（二〇〇一年）
先生の専門分野、「理科（主に地学）教育と防災教育とのあいだ」について提言あり

⑤ 原子力発電の諸問題（その四）―放射性廃棄物、放射線被曝と健康被害―（二〇〇二年）
原発現場での放射線被ばく問題に紙幅を割いて扱っている。原発労働者の差別構造、

労働災害との関係、再処理工場での被曝、チェルノブイリ事故から学ぶこと、子宮内被曝の影響など

⑥ 大久野島の黙示―毒ガス、加害と被害をめぐる断想―（二〇〇三年）
動員学徒のデータ、生産された毒ガスの種類、フィールドワーク報告、中国大陸での毒ガス戦、遺棄毒ガス弾と戦後責任・国際条約など

⑦ 水問題を考える（その二）特に水銀水質の汚染について」（二〇〇四年）
水の不思議さと自然界での循環、上水道水源の汚染、ハイテク汚染、地下水汚染、生活排水、浄化法、国際的水紛争など

⑧ 海辺の再生と森林とのあわい―沿岸水域の変異と、有明海・諫早湾における水産生物の存亡をめぐって」（二〇〇五年）
山林と沿岸水域、海岸埋め立て、磯焼け、赤潮と水産生物など

⑨ 原子力発電の諸問題（その五）―核燃料の再処理、プルトニウム生産・ＭＯＸ使用と日本のエネルギー政策とのあわい（二〇〇六年）

⑩ 諫早湾干拓と地盤災害（二〇〇七年）

⑪ 核燃施設の耐震性と放射性廃棄物の環境汚染（原子力発電の諸問題―その六）（二〇〇八年）

元教師の余生の趣味どころではない。いずれも、退職教師の研究会の論文誌に発表したものの抜き刷りのようで、すでに一五編の論文を書いておられたと。

進学校教師を歴任中、脳内出血で倒れ、その後通信制高校に移り、受験教育からの解放、大人生徒との出会いを喜びながら、定年を迎えられたが、左上下肢麻痺により、地学の調査研究を断念し、「環境問題のデスクワーク」に専念。原発でいえば、原研、動燃、九電から資料を集め、長崎大学医学部放射線影響研究所の医学者の調査論文の点検や資料解釈に取り組み、水俣病原因物質追求の歴史を長期にわたって検索し続けた成果が以上の論文に結実している。デスクワークと言いながら、実際は体力と財布の許す限り、現地に出向き、「見るべきものは見る、考えるべきことは考える」という強い意志があふれている。

すべては「生命倫理学の確立」が最終目標といわれているが、パンフレットには哲学的思考や文学的感性があふれ、「教師」らしく資料を駆使した的確で整理された論考は、重すぎる問題であっても、「問題の所在」をしめされることで、解放感をもたらしてくれる。

ご自分の取り組むべきテーマとして欠けているのは、「核への転用をうかがわせる日本のプルトニウム政策」で、槌田敦さんや藤田祐幸さんと連絡を取りたい、長崎平和研究所内の議論に一石を投じたいとも言われていた。いくつかの病をかかえ、最後の手紙には「体調衰微で生き急ぐ焦りがあり、本研究も周到に論旨が貫徹できているか忸怩たる思いです」と書いておられる。

二〇一〇年の年賀状に代わって、ご家族からの「喪中欠礼」。なんどもお会いできる機会を逸し、一度だけ長崎駅のレストランでお話をし、長崎の入市被爆者とお聞きした翌年だった。「失ったものは、得たものと等量」というエントロピーっぽい、先生の言葉を思った。

藤田先生は言う。

「私の原子力商業利用についての対応は『成り行きで気の進まない異性と同棲することになった人が、できるだけ速やかに関係解消を胸に期待して付き合っている』という塩梅である。だから原発を積極的にしろ、消極的にしろ受容している『多数意見の方々』と、ともに考えていきたいというのが執筆の動機」。私は、その言葉に励まされる。

その3 市民科学技術者・大木和彦さん

原発事故被曝の実相は、公式資料からはごく一部しか読み取れない。そもそも、放出された放射能量さえ明確ではない。では、とりあえず「自分たちで測る」しかない。

二〇一二年六月、福岡で、「放射能市民測定室・九州（Qベク）」を立ち上げた。食育運動、被曝問題等に関心のある市民、生産者、福島事故からの避難者等が参加、約一五〇人のカンパにより、測定器（応用光研ＦＮＦ‐401）（匿名の方からの数百万のカンパ）、事務所開設費用を賄う。運営スタッフ約一〇人　無給のボランティアで七年目を維持している。『Ｑベク通信』でデータ公表。

これまで、食品、土壌（福島、仙台、関東、静岡、山口、広島、九州各地）、食品メーカー原材料、化粧品メーカー原材料、輸出用プラスチック資材、乗用車、衣類など約一三〇〇検体。

福島原発事故を見つめながら、測定依頼の方々との共感と交流を求めていく場に育てたい。

測定室としての十分な機能は果たしきれていないが、Ｑベクには比類なき市民科学技術者がいる。北九州での震災がれき焼却問題をきっかけに、確実に空気中の微細な放射性浮遊物質を捕捉できる本格的なエアーサンプラーの開発と飽くなき改良をスピーディに進める大木和彦さん。

様々な構造計算をし、材料を探しまくり、実験と改良を重ね、二〇一二年一一月、Ｑベクエアーサンプラー一号機完成、東日本各地に届けられた。翌年、福島第一の廃炉作業業者からの電源改良依頼、稼働時の騒音対策で「2型」完成、流量計の組み込みの「3型」開発で、高木基金の助成を受けた。基金助成を通して放射能汚染を地道に調べる方々と出会い、アドバイスをいただく。さらに、オートラジオグラフィーによる空気中の放射性浮遊物質の可視化、吸引量をボードパソコンに積算させる設計、ソーラーパネルと組合わせたオフグリッドエアーサンプラーを「4型」として開発。高木基金助成をさらにいただき、機器の格納を改良。二〇一九年七月、懸案であったオートラジオグラフィー完成。現在、五〇台が稼働中。

以下、大木さんの立場―「私の考える市民科学の役割・課題・可能性」(高木基金助成申請書より)。前後を略して引用する。

【現代の科学・技術の問題点】

この汚染をもたらしている経済活動の原動力は世界を巡る投資マネーですが、同時に、この経済活動の前に膝を屈した巨大科学・技術によって支えられています。科学や技術の巨大化は、巨大であるが故に人々の暮らし方まで一様であることを求める効率性を前提としており、相対的に庶民の個々の「暮らし」を最大限微小化せざるを得ない脆弱さを持っています。

一方で、庶民は「一様に消費する事を義務付けられた」消費者という集団に貶められ、あらゆるメディアがこの作業に動員されます。このようにして生産現場(科学・技術・労働の集約点)と人々の暮らしは分断されてきました。

このような世界の中では、庶民は消費者として括られる集団ですから、科学・技術・労働が集合する生産現場は「知らなくとも良い」或いは「知りようが無い」世界となります。おそらく、「科学（理科）ばなれ」と呼ばれる現象は、このことに原因していると考えてます。

【市民科学の役割・可能性】

会員数三〇〇〇名程度の筑豊の小さな生協であった設立期に関わりはじめ、九州～関西までのエリアに三〇〇万人の組合員を擁する生協に育っていく様子を見つめてきました。大きくなることで得られることと失うことを知りましたが、その経験に照らして組織の持つ機能と問題を次のように考えています。

① 問題の解決などの道具として組織が本来期待されている機能
② 組織自身を維持するという副次的な機能

これらは何れも必要な機能ですが、組織が設立された目的を考えるまでもなく、①は基本的な機能であり副次的な②に優先されるべきです。しかし、時間経過に伴ってこれが逆転することが多いのです。科学（者）の世界でも同様であることを福島第一原発の事故で思い知らされました（原子力ムラの問題は勿論、官僚・科学者など責任ある者たちが、起こった事象に合わせるように被曝限度を引き上げたり、事実を隠蔽するなど組織の防衛に終始しました）。

実利に傾斜する現代科学の問題点のひとつは、時として組織を守るために科学を装うという倒錯が生じることなのだと思います。

【市民科学のイメージ】

科学の第一義である「真実を求める」と言う意味では、「市民」の名を冠しても科学として何ら変わらないし、又、違ってはいけないと考えています。むしろ、先に述べたような、現代の科学・技術が直面する問題に対する回答として様々なしがらみから自由となった市民科学を考えたいと思います。

私が市民科学に抱くイメージは、個々の「暮らし」に軸足を置く中で、さまざまな問題・疑問に対して必要な領域の科学知識を必要なだけ会得しながら、これを分析し解決して行く力を持った市民といったものです。このとき科学は解決手段としての道具のひとつですから、どのような道具があり、どう利用できるかを知っている…つまり、科学・技術に対する幅の広い知識を持つことが求められます。市民科学と呼ぶことで幅や奥行きが変わることはあり得ないはずです。「暮らし（家族・地域）」という庶民が持つ普通の感覚に根ざしたものであり、自由な市民が五感・肉体とともに必要な道具である科学の力を問題解決に振るってゆこうとする形態こそが市民科学だと考えています。暮らしに根ざした解決方法は自ずと暮らしのサイズにふさわしいボリュームの道具立て・費用のものになるはずとも考えています。

【課題】

少し大げさな表現ですが「日本人を造らねばならない」と考えています。私は良い意味でのディレッタンティズムを信頼しています。官僚の庇護の許、プロの科学者や技術者、芸術家が狭いテクノクラートの世界に住んで、とかく金と力の成る方角を一斉に指向する昨今の傾向を嘆きます。多様性やヒューマニズムは、もはや夾雑物に過ぎないと言わんばかりです。テクノクラート達が見失って久しい「身体」「心」「暮らし」を中心に据え、専門家を自称する彼らにも伍する知識を幅広い領域で持ち、考え、行動する市民層の登場を心から待ち望んでいます。

さいごに

3・11後の、福岡市での最初のデモは、避難してこられた女性たち中心の「ママは原発をいりません」デモで、それに続いて、五月八日、サウンドカー三台を入れた市中心部の警固公園で集会、市内デモが行なわれた。3・11をきっかけに、原発問題に向き合い始めた、とりわけ若い世代の人たちが各地のデモの様子等にも触発されて、準備を重ね、当日のデモを進行させた。が、不当な「道路使用許可申請書の許可条件―車には幌をかけること」により、デモの出発が遅らせられたことなどを訴因にして、「デモの表現の自由を問う福岡サウンドデモ裁判」(原告：二六人、被告：福岡県、公安委員会)を福岡地裁に提訴し、四年後の高裁判決で一部勝訴判決が確定した。公判は、脱原発デモはおろかデモすら参加したことのない裁判官に、当時の、市民のアクションに注目する新聞記事やブログなどを多数、甲号証として出し、法廷内ではパネル掲示などパフォーマンスを工夫し、さながら脱原発集会もどき。法廷も脱原発の表現の現場足りうることを知ってしまった。

詳しくは『デモってラブレター!? 福岡サウンドデモ本人訴訟顛末記』(樹花舎)で。福岡がデモの似合う街になることを目指して。

(注1) 反原発運動にかかわり始めた頃、「死の灰」とはなにかを知ることができたのは、同じく亀井文夫監督の『世界は恐怖する』(日本ドキュメンタリーフィルム・三映社 一九七五年)。参照『たたかう映画 ドキュメンタリストの昭和史』(亀井文夫著、岩波新書、一九八九年)

(注2) 八月九日の情景と炭鉱、被差別部落、信仰、レッド・パージなどが絡み合う『地の群れ』(一九六三年)、八月九日午前一一時二分に向かう人々の二四時間の日常を、出産を迎える女性の目を中心に淡々と描く『明日一九四五年八月八日・長崎』(一九八二年)、原爆文学と原発文学を結び付けたとされる『西海原子力発電所』(一九八六年)などチェルノブイリ、3・11にも触発されながら書き続けた。

『はんげんぱつ新聞』とは——あとがきに代えて

『はんげんぱつ新聞』編集長　西尾　漠

『はんげんぱつ新聞』は、全国各地の住民・市民が集まって結成した反原発運動全国連絡会が発行する、Ｂ４判四ページの月刊紙です。というか、より実際に即して言えば『はんげんぱつ新聞』を発行することを目的に反原発運動全国連絡会がつくられました。一九七八年のことです。

反原発の闘いが、各地域の住民運動から全国的な連携を求め始めたのを契機に生まれたと言ってよいかもしれません。原発推進の動きが、電力会社が主体のものにとどまらず、国が前面に出てのそれへと変わっていくことに対応しての変化という側面もあります。「国策」を強調して、「国が相手ではどのみち勝てない」とあきらめを誘う流れがつくられようとするのに抗して、『はんげんぱつ新聞』は生まれました。

爾来、「国策」におしつぶされない闘いを、各地の住民運動、市民運動、労働者運動はつづけてきています。詳しくは、本書と並んで緑風出版から刊行される拙著『現場の声でつづる反原発運動45年史』をお読みいただければ幸甚です。

ともあれそうした動きを伝え続けて二〇一九年一一月、『はんげんぱつ新聞』は五〇〇号を迎えます。創刊以来、毎月一回の発行を頑固に守り、合併号にしたことは一度もありません。臨時増刊号を一回、号外を三回出しています。臨時増刊号や号外と言っても、新聞社の号外と違って速報性のあるものではなく、「日本の原発・核燃料サイクル施設」とか「核燃料輸送」とかの特集号です。

創刊前には、刊行するかどうかを判断するための見本紙として、第〇号を出しています。この見本紙の『はんげんぱつ新聞』という紙名が力強くないと不評で、『反原発新聞』と変えて創刊されました。ところが、一九八六年のチェルノブイリ原発事故などもあって反原発運動が広がりを見せ、「反原発」より「脱原発」の呼び名が定着してきます。『反原発新聞』では生硬過ぎるとの声が出て、一九九三年一〇月の第一八七号から『はんげんぱつ新聞』となりました。五〇〇号を迎えるということは、『はんげんぱつ新聞』のほうが長く続いていることを意味します。

反原発運動全国連絡会の初代会長は宮城県女川町の阿部宗悦さん、事務局長は三重県熊野市の前川具巳さんでした。『はんげんぱつ新聞』編集長は高木仁三郎さんと、みな故人になりました。編集実務は、私が従事していました。現在は代表・事務局長ではなく、新聞経営にあたる全国九人の経営委員のうち、宮城の篠原弘典さん、新潟の武本和幸さん、京都の佐伯昌和さん、大阪の末田一秀さんの四人を世話人としています。全国各地には経営委員を兼ねる人もふくめて一八人の編集委員がいて、交代で毎号の編集担当を務めています。編集担当委員と相談しながら、有給の編集長となっているのが経営・編集委員の一人でもある私。編集委員の一人にアルバイトという形で補佐してもらっている――というのが、現体制です。

通常の号では、一面の左肩にエッセイ欄があり、さまざまな方に原発に限らず環境や平和などに関する考えを述べてもらっています。また、左下部に「DATA　BOX」を置いています。グラフや表で種々のデータをコンパクトに示すもので、本書の金子勝さんのお話に、最近のものを添えました。

二面の下段では、「月間情報」として一ヵ月分のニュースをまとめています。四面には「反原発講座」。時々の問題となっていることの解説を載せています。随時掲載している名物コラムが「原発『推進者』の発言から」で、これも金子さんのお話の下段にいくつかを紹介しました。

(1) 反原発新聞 第498号 2019年9月20日 【毎月1回20日刊／1部250円／年間予約購読3000円】 1978年11月27日第三種郵便物認可

反原発新聞

はんげんぱつ新聞

第498号 2019.9

●瑞浪でも実質延長………2面
●「放射線副読本」撤回署名提出………2面
●電力新市場の問題点……4面
●講座：再処理工場航空機落下………4面

反原発運動全国連絡会 〒164-0011 東京都中野区中央2-48-4 小倉ビル1階 TEL&FAX 03(5358)9792 郵便振替00190-5-12484 反原発運動全国連絡会 ゆうちょ銀行 〇一九店 当座0012484 ハンゲンパツウンドウゼンコクレンラクカイ

http://www.cnic.jp/hangenpatsu/

書 西山陸崖

幌延深地層研究、無期限の延長提案
動燃から名前は変わっても本性は同じ原子力機構

東（あずま） 道（おさむ）（核廃棄物施設誘致に反対する道北連絡協議会会員）

2009年に始まった「ほろのべ核のゴミを考える全国交流会」は今年で11回目となり、今年は8月3日・4日に北海道幌延町の隣、豊富町で開催しました。「研究期間20年程度」として始まった幌延深地層研究は、今年で20年目となり交流会のテーマは「20年で止めよう」でした。内容も、止めるための話し合いを中心にして、「幌延と私」を考えるシンポジウムを計画しました。

ところが、日本原子力研究開発機構（以下、原子力機構）は全国交流会の前日に、研究期間を実質無期限とする「令和2年度以降の幌延深地層研究計画（案）」を幌延町と北海道に申し入れました。これは20年程度の研究期間を前提にした「3者協定」（幌延町、北海道、原子力機構）を反故にするもので、交流会は、この原子力機構の申入れに対する怒りと抗議の確認の場となりました。

北海道の北、「道北」の町、幌延町で高レベル放射性廃棄物（核のゴミ）の受け入れを表明したのは、1984年4月。原子力機構の前身の動力炉・核燃料開発事業団（以下、動燃）が地元住民と道民の反対が圧倒的に多い中、権力を使って強引に進めたため、結果、当初の計画（貯蔵工学センター計画）は破綻、「白紙撤回」され、研究期間20年程度、核を持ち込まないとする「深地層研究計画」を国が北海道に提案、その後、核燃料サイクル開発機構（現原子力機構）が正式に申し入れました。研究であっても処分場につながると反対する多くの地元住民、道民に、道は「道内に核のゴミは受け入れ難い」とする道条例を制定、文部科学省の立ち会いで、「研究期間20年程度」を前提とし「研究終了後は施設を解体し埋め戻す」等の3者協定が結ばれ、2001年3月に研究はスタートしました。

原子力機構はこの「20年程度」とする研究期間を毎年の計画書、成果報告書、パンフ等で繰り返し地元民、道民に説明してきました。そしていつ終了するかについては「平成31年度末までに研究終了までの工程やその後の埋め戻しについて決定する」と説明してきました。しかし、今回提案された内容は「国内外の技術動向を踏まえて、地層処分の技術基盤の整備の完了が確認できれば、埋め戻しを行うことを具体的に工程として示します」という、終了期限なき研究継続の提案で、これまでの経過を全て無視、3者協定を反故にしています。

原子力機構は明らかに「なし崩し的処分場建設」を狙っています。これを許すことはできません。これは動燃が権力的に進めた当初の「貯蔵工学センター計画」と同じやり方です。名称は変わっても組織の本質・本性は変わっていないことを見せつけました。

全国交流会は8月4日に、原子力機構の「申入れ」に対し、強く抗議し撤回を求めました。8月21日には「核廃棄物施設誘致に反対する道北連絡協議会（道北連絡協議会）」が幌延町長に「20年程度」の研究期間を守るよう申入れました。しかし、幌延町は、もともと研究の延長を要望していますので変わることは考えられません。反対の大きかった深地層研究計画を「なし崩し的処分場」にはさせないとして道民を説得し受け入れたのは北海道ですから、道にこの約束を守らせるため、全道の仲間と共に取り組んでいます。

追記

8月8日に原子力規制委員会の更田委員長が突然幌延深地層研究センターを訪れ、地下坑道を視察し、8月2日に原子力機構が幌延町と北海道に対して申し入れた「深地層研究」の期限なき延長に対して「まだまだ研究施設として有益なもの、関係者の理解を得て期間を延長するというのはふさわしい判断だ」等とするコメントを発表しました。原子力機構が研究継続を発表してわずか1週間後です。原子力規制委員会は「専門的知見を持ち中立公正な立場で独立して職権を行使する組織」なのですが、そこの長のあまりに見え透いたパフォーマンスに驚きます。

子どもたちの未来のためにできること

山中幸子

（やまなか さちこ さん）鳥取市在住。2011年12月に有志のメンバーと立ち上げた「えねみら・とっとり（エネルギーの未来を考える会）」共同代表。「えねみらカフェ」を通して、話し合う場を作る活動や関係自治体・議会への働きかけを行なっている。

原発安全神話を信じ、市民活動とは無縁の日々を送っていた私にとって、2011年3月の福島第一原発事故は大きな衝撃でした。

鳥取県には、原発がありません。事故前はラッキーとしか感じていなかった事実ですが、事故後の学習会で、1980年代の青谷町（現・鳥取市）長尾鼻において原発建設計画に反対した歴史があることを知りました。母親たちを中心とした多くの住民の激しい反対運動の結果、計画は白紙撤回となり、原発建設予定地内に住民の共有地を持つことで、永続的に断念させたそうです。当時、様々な意見がある中で、「原発のないふるさと」を選択した先人たちの勇気と行動力は私の活動の原点です。

福島第一原発事故後、原発から30㎞圏内の自治体は避難計画作成を義務付けられる地域となり、中国電力は、新たに鳥取・島根両県の6自治体と安全協定を結びました。しかし、立地自治体である島根県・松江市と区別して、原発再稼働・新規稼働の際の事前了解権を周辺自治体には認めていません。

「えねみら・とっとり」では、19年2月、島根原発に、「原発の再稼働と新規稼働の際、30㎞の範囲内にあるすべての道府県及び市町村の事前了解を要件とするよう、国への意見書提出を求める」という陳情を提出しました。陳情を採択して意見書を提出したのは、鳥取県境港市と島根県雲南市、意見書提出のない趣旨採択は鳥取県米子市・出雲市・安来市、不採択は松江市という結果でした。自治体として原発問題に取り組む姿勢の本気度が現れたと感じています。

境港市・米子市では現在、原発稼働の是非を問う住民投票を実現させるための活動が始まっています。小さな力ですが、子どもたちに原発のない未来を手渡すために、様々な立場の方々との連携を模索しながら、脱原発の想いを繋いでいきたいと思います。

DATA BOX

プルトニウム管理状況（2018年末）

単位：トン（ ）内は核分裂性

イギリス	21.2 (14.2)
フランス	15.5 (10.0)
国内	9.0 (6.1)
臨界実験装置	0.1 (0.1)
もんじゅ・常陽	0.4 (0.4)
原発	0.6 (0.2)
プルトニウム燃料加工施設	3.9 (2.7)
東海再処理工場	0.2 (0.1)
六ヶ所再処理工場	3.6 (2.3)

──と説明するより、お手に取ってもらうほうが早いでしょう。ご連絡をいただければ見本紙をお送りしますので、ぜひご請求ください。なお、縮刷版が、第Ⅰ集（0号～100号）、第Ⅱ集（101号～160号）、第Ⅲ集（161号～240号）、第Ⅳ集（241号～300号）、第Ⅴ集（301号～400号）、デジタル版（353号～485号）と出ています。第Ⅰ集、第Ⅱ集は品切れですが、いくつかの図書館で、また、もちろん反原発運動全国連絡会の事務所で閲覧が可能です。第Ⅲ集以降、とりわけデジタル版のご活用をお願いいたします。（西尾漠）

反原発運動全国連絡会
〒164─0011　東京都中野区中央2─48─4　小倉ビル1階
TEL・FAX　03─5358─9792
http://www.cnic.jp/hangenpatsu/

［編者略歴］

反原発運動全国連絡会（はんげんぱつうんどうぜんこくれんらくかい）

全国各地の反原発・脱原発の住民運動・市民運動をつなぐネットワーク。1978年3月に結成され、同年5月より『はんげんぱつ新聞』を毎月1回発行。同新聞縮刷版を第I集から第V集まで（0号から400号まで）刊行。また、2018年には第353号から第485号までのデジタル版を発行している。緑風出版より1997年に『反原発運動マップ』、七つ森書館より2012年に『脱原発、年輪は冴えていま――フクシマ後の原発現地』、2017年に『地方自治のあり方と原子力』ほかを編集・出版した。

〒164-0011　東京都中野区中央2-48-4 小倉ビル1階
電話・FAX　03-5358-9792
URL http://www.cnic.jp/hangenpatsu/

［執筆者一覧］

金子　勝（かねこ　まさる）　立教大学大学院特任教授、慶應義塾大学名誉教授
村上達也（むらかみ　たつや）　元茨城県東海村長
武本和幸（たけもと　かずゆき）　原発反対刈羽村を守る会、反原発運動全国連絡会世話人
多々良哲（たたら　さとし）　元「みんなで決める会・宮城」代表
宮下正一（みやした　まさいち）　原子力発電に反対する福井県民会議事務局長、『はんげんぱつ新聞』編集委員
深江　守（ふかえ　まもる）脱原発ネットワーク・九州代表、『はんげんぱつ新聞』編集委員
大林ミカ（おおばやし　みか）　自然エネルギー財団事業局長
木村京子（きむら　きょうこ）　九電消費者株主の会代表
西尾　漠（にしお　ばく）『はんげんぱつ新聞』編集長

原発（げんぱつ）のない未来（みらい）が見（み）えてきた

2019年11月25日　初版第1刷発行　　定価1200円＋税

編　者　反原発運動全国連絡会©
発行者　高須次郎
発行所　緑風出版
〒113-0033　東京都文京区本郷2-17-5　ツイン壱岐坂
［電話］03-3812-9420　［FAX］03-3812-7262［郵便振替］00100-9-30776
［E-mail］info@ryokufu.com［URL］http://www.ryokufu.com/

装　幀　斎藤あかね
制　作　R 企 画　　印　刷　中央精版印刷・巣鴨美術印刷
製　本　中央精版印刷　　用　紙　中央精版印刷　　E1200

ISBN978-4-8461-1919-5　C0036

プロブレムQ&A

新・なぜ脱原発なのか？

［放射能のごみから非浪費型社会まで］

西尾漠著

A5判変並製

一八八頁

1800円

放射性物質の大量放出は、長期にわたり災害をもたらし、平穏に生きる権利を奪う。二〇〇三年に発売した『なぜ脱原発なのか？』を、福島原発事故を踏まえて、全面増補改訂。原発に賛成の人も反対の人も改めて共に考えよう。

なぜ即時原発廃止なのか

［実は暮らしに直結する恐怖］

西尾漠著

四六判上製

二四〇頁

2000円

福島原発事故では二〇万人近い人が避難せざるをえなかった。その上、四〇万人が高汚染地域で生活することになった。その理不尽さこそ原発事故の恐ろしさといえる。いまこそ脱原発しかない。現状を総括し、提言する。

私の反原発切り抜き帖

歴史物語り

西尾漠著

四六判上製

二六八頁

2400円

水俣病を追い続けた土本典明の「原発切抜帖」という映画に著者も協力した。同氏が亡くなり、映画ではない別の形で、その意志を継ぎたいと本書が書かれた。『はんげんぱつしんぶん』編集長の自分史を重ねた反原発運動史。

世界が見た福島原発災害 7

ニッポン原子力帝国

大沼安史著

四六判並製

三一二頁

2000円

福島第一原発事故から8年、海外メディアが伝える「フクイチ」の、「ニッポン原子力帝国」の驚愕の現実！　白血病10.8倍、肺癌4.2倍、小児癌4倍……人口減の中、日本のメディアが絶対に伝えない真実を明らかにする第7弾！

電力改革の争点

原発保護か脱原発か

熊本一規著

四六判並製

二二四頁

1600円

「電力システム改革貫徹」がいかに違法、かつ有害無益な「電力改革妨害」策かを、また、膨大な「放射能で汚染された廃棄物・土壌」の処理をめぐる国政が、国民の健康への脅威で、放射能拡散政策であることを明確にする。

チェルノブイリの嘘

アラ・ヤロシンスカヤ著／村上茂樹 訳

四六判上製
五五二頁
３７００円

チェルノブイリ事故は、住民たちに情報が伝えられず、また、事故処理に当たった作業員が抹殺されるなど、事故に疑問を抱いた著者が、ソヴィエト体制の妨害にあいながらも、独自に取材を続け、真実に迫ったインサイド・レポート。

終りのない惨劇

チェルノブイリの教訓から

ミシェル・フェルネクス、ソランジュ・フェルネクス、ロザリー・バーテル著／竹内雅文 訳

Ａ５判並製
二七六頁
２６００円

チェルノブイリ事故で、遺伝障害が蔓延し、死者は、数十万人に及んでいる。本書は、ＩＡＥＡやＷＨＯがどのようにして死者数や健康被害を隠蔽しているのかを明らかにし、被害の実像に迫る。今同じことがフクシマで……。

チェルノブイリ人民法廷

ソランジュ・フェルネクス編／竹内雅文訳

四六判上製
四〇八頁
２８００円

国際原子力機関（ＩＡＥＡ）が、甚大な被害を隠蔽しているなかで、法廷では、事故後、死亡者は数十万人に及び、様々な健康被害、畸形や障害の多発も明るみに出た。本書は、この貴重なチェルノブイリ人民法廷の全記録である。

チェルノブイリの惨事［新装版］

ベラ&ロジェ・ベルベオーク著／桜井醇児訳

四六判上製
二二四頁
２４００円

チェルノブイリ原発事故では百万人の住民避難が行われず、子供を中心に白血病、甲状腺がんの症例・死亡者が増大した。本書はフランスの反核・反原発の二人の物理学者が、一九九三年までの事態の進行を克明に分析し、告発！

チェルノブイリの犯罪【上・下】

核の収容所

ヴラディーミル・チェルトコフ著／中尾和美、新居朋子監訳

四六判上製
一二〇〇頁
各３７００円

本書は、チェルノブイリ惨事の膨大な影響を克明に明らかにするだけでなく、国際原子力ロビーの専門家や各国政府のまやかしを追及し、事故の影響を明らかにする人や被害者を助けようとする人々をいかに迫害しているかを告発。